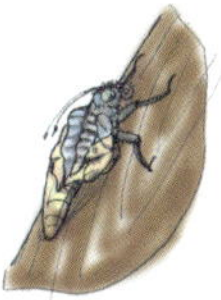

旧暦で楽しむ日本の四季

二十四節気《にじゅうしせっき》と七十二候《しちじゅうにこう》

いにしえの日本人の生活は、四季が織りなす自然のわずかな変化さえも敏感に感じとれるものでした。

その節目になっていたのが昼と夜の長さが同じになる春分の日と秋分の日であり、昼が最も長い夏至と夜が最も長い冬至でした。旧暦ではこの四日を太陽の位置から割り出すことによって基盤とし、これに大暑《たいしょ》、芒種《ぼうしゅ》、寒露《かんろ》などを加えて、一年を二十四の節気に分けました。

さらに、それぞれの節気を初候、次候、末候と三つずつに分けたのが七十二候です。ひとつの候は四日から六日ほどで、今の一週間にもなりませんが、「鶯《うぐいす》が山里で鳴き始める」とか「紅花《べにばな》が盛んに咲く」といったわかりやすいことばで、こまやかな四季の移り変わりを表現しています。

実は、われわれが慣れ親しんでいる新暦と旧暦とでは、ひと月以上のズレが生じます。たとえば正月といえば一月一日ですが、旧暦の正月は二月四日になるのです。そこで旧暦の七十二の候が、本書に記された新暦の何月何日に当たるのか照らし合わせながら読んでいただくと、旬菜や旬の魚、季節の行事、季節の歌と、四季折々の変化に富んだ、昔ながらの暮らしに触れることができます。

自然と寄り添った生活の知恵を学びながら、日本独自の四季を存分に楽しみましょう。

旧暦で楽しむ日本の四季
二十四節気《にじゅうしせっき》と七十二候《しちじゅうにこう》　もくじ

春

青春

青は春の色。

紅梅

カスミソウ

ここでいう春とは、旧暦の正月(一月)、二月、三月のこと。新暦では二月四日から五月四日までです。「春は花」と詠んだ道元ですが、われわれもまた毎年、年が明けると春の花を心待ちにしています。その代表格は葉が出る前に花をつける梅、桜、桃。木全体を花だけで装うそのさまは、冬の枯れ木を見なれている目には、そのあまりの華やかさで、私たちを心躍らせるに十分な迫力があります。木々が青づく青春の季節の始まりです。ここでは春の花の一部をご紹介します。

沈丁花《じんちょうげ》春の月夜と
なりにけり

虚子

白梅

猫柳

木蓮の花

沈丁花《じんちょうげ》の花

宵《よい》浅く
ふりいでし雨の
桜かな

万太郎

椿

桜の花

牡丹の花

ちりぬべき時知りてこそ
世の中の花も花なれ人も人なれ

細川ガラシャ

桃の花

菫《すみれ》

菜花《なのはな》

春

一節気

立春《りっしゅん》

【新暦】2014年2月4日〜18日

正月節

節分の翌日、二月四日ごろ。暦の上で春が始まる日。一年が始まるおめでたい日の言葉として、「立春大吉」があります。寒が明けてなお残る寒さのことを「余寒」、「残寒」とも。

季のことば

余寒見舞い

初春は陰暦正月の異称。陰暦では一月という呼称は使わず正月といいます。初春を含めて春の初めのころを指すのが早春。浅春《せんしゅん》ともいいます。立春から季節の挨拶として出すのが余寒見舞い。でもすっかりすたれてしまいましたね。暦では春だというのに、まだ寒い日が続いています。

季の遊び

百人一首

マンガ『ちはやふる』で現在人気沸騰中の百人一首。藤原定家の撰といわれる「小倉百人一首」が、歌かるたのもとになっています。

いろはかるたや歌かるたでは、一人が読み札を読むのにしたがって、場に散らしたそれにあった取り札を取りあって取った札の多さを競って遊びます。歌かるたが、絵の入った読み札なのに対し、いろはかるたは取り札に絵が入っています。いろはかるたの取り札を取るのは子供が中心ですから、取り札のほうに楽しさの比重をかけているのですね。

どちらも新年の遊びですが、毎年一月に皇居内で行われる新年最初の歌会が、歌会始。一般国民の詠進《えいしん》歌《か》から選ばれた和歌が、天皇、皇后、皇族の詠歌とともに披露されます。

毎年行われるかるた大会の全国大会では、札を取るスピードと迫力に圧倒されます。もはやスポーツの世界です。

季のお菓子

花弁餅《はなびら》

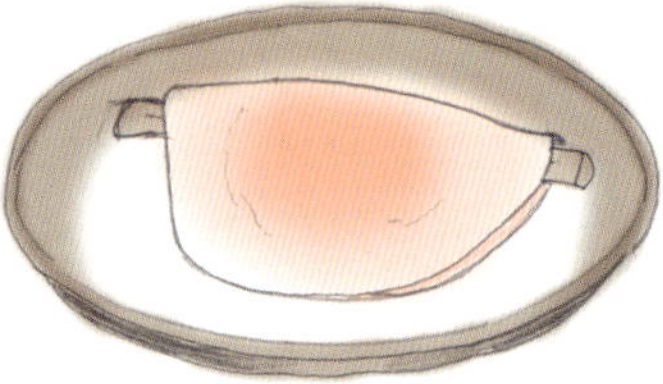

お正月を迎えると、食べたくなる和菓子が花弁餅です。牛蒡《ごぼう》と味噌餡《あん》を求肥《ぎゅうひ》でまいたお菓子ですが、もともとは、梅の花びらに見立てて薄く丸い形にしたもので、皇室の鏡餅の一部に用いられるものです。

花弁餅は茶道の初釜に出される上和菓子の定番です。こってりとして、ほの甘にがい濃茶との相性は抜群。

花弁餅の季節が過ぎると、和菓子は梅や福寿草をかたどったもので、それぞれの和菓子屋さんが腕を競い合います。

和菓子屋さんの店先をのぞけば季節がわかるほど、候に敏感です。それは茶道の茶会や茶稽古が常に季を意識して行われているのと関係しています。

それと同様に色、柄、糸の素材、織り方など、日本の伝統工芸である着物の世界は常に季を意識し、ちょっと先取りすることで、さりげない粋を演出しています。

和菓子は和の世界への入り口なのです。

一候　立春　初候

東風解凍《はるかぜこおりとく》

【新暦】２０１４年　２月４日〜８日
【候の意味】東風が厚い氷を解かし始める

季のうた

河の辺の
つらつら椿つらつらに
見れども飽かず
巨勢《こせ》の春野は

春日蔵首老《かすがのくらのおびとおゆ》　万葉集（巻一・五六）

川のほとりに咲いたつらつら椿はいくら見ても飽きない。巨勢《こせ》の春野は。

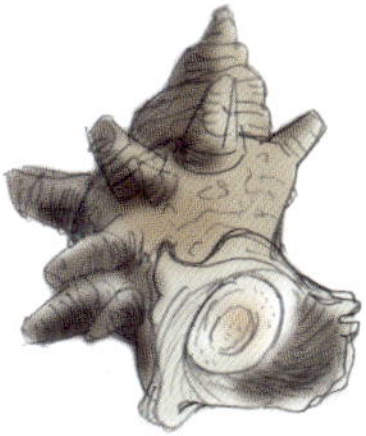

季の貝

サザエ

サザエは年間を通して捕れるものですが、特に春から夏にかけて産卵期を迎えることから、この時季のサザエが一番おいしいとされています。

サザエはリュウテンサザエ科に属する巻貝で、殻の表面にトゲを持つのが、ほかの貝にない特徴です。日本全国の浅い岩礁に生息し、主に海藻を食べて成長していきます。漁獲に適した6センチ以上の大きさに成長するまでに三年以上かかります。

　壺焼きにすると磯の香りが広がるサザエ。その食べ方のはじまりは漁師が磯で捕りたてのサザエを、海水の塩味を生かしてそのまま豪快に焼いたものとされています。その味は漁師の浜料理にとどまらず、戦国時代の天下人の一人であった豊臣秀吉が聚楽第に後陽成天皇を招いて宴会を催したときの献立の中に「焼栄螺《サザエ》」の文字があったとされています。

　また江戸時代の随筆の中に力士が何個ものサザエの壺焼きを食べたという描写があることから、江戸時代には焼サザエが庶民にも親しまれていたと思われます。

季の祭

初午《はつうま》祭

初午祭は春の訪れを祝う稲荷神社のお祭りのことです。

　稲荷大神が京都・伏見にある稲荷山に降りたのが和銅四年（七一一年）の二月、初午の日だったといわれています。そのため、二月の初午の日は、全国の稲荷神社では大変特別な日。稲荷神社の総本社であ

る伏見稲荷神社では前日の巳《みつ》の日から商売繁盛や家内安全をお祈りする参詣者で賑わい、京洛初春第一の祭事とされています。

本来は旧暦二月の最初の午の日だったため春先の行事でしたが、新暦では寒さが一番厳しい時季のお祭りになっています。

季の花

猫柳

丸い花穂の手触りが猫の指のようで、かわいらしくて心地いい猫柳。

早春、葉が出る前に、赤褐色の鱗《うろこ》弁が取れて白い毛が密生した雄花穂《ゆうかすい》や雌花穂《しかすい》をつけます。葉は楕円形で、裏は白みがかっているヤナギ科の落葉低木。川柳、えのころ柳とも。花の少ない早春では、華道や茶花の題材として大活躍します。

季のことば

春一番

立春のころ、その年初めて吹く強い南風が春一番です。発達した低気圧が日本海を通るときに吹き、気温が急に上がりますが、翌日は寒くなることが多いようです。

また、春の日に吹く穏やかな風が春風です。そんな春風が吹く明るくおおらかでのどかな様子を表したことばが「春うらら」です。

二候　立春　次候

黄鶯睍睆《うぐいすなく》

【新暦】２０１４年2月9日～13日

【候の意味】鶯が山里で鳴き始める

季のうた

春されば
まづ咲く宿の梅の花
独り見つつや
春日《はるひ》暮らさむ

山上憶良　万葉集（巻五・八一八）

春になると最初に咲くわが家の梅の花、私一人で見つつ一日を過ごすことなど、どうしてできるだろうか。

季の鳥

鶯《うぐいす》

「春告げ鳥」とも呼ばれ、ホーホケキョという独特の鳴き声を楽しむために、古くから飼育されてきた鶯。

夏は山地の低木林で繁殖しますが、冬になると低地に降りてくるため、私たちを楽ししませてくれます。

　春鳥、花見鳥、歌詠み鳥、経読み鳥、匂い鳥、人来鳥《ひとくどり》、百千鳥《ももちどり》、愛宕鳥《あたごどり》など別名が豊富です。

　スズメ目ヒタキ科ウグイス亜科の鳥で、全長は雄が約16センチ、雌が14センチほど。緑褐色の色も特徴的で、お腹は白。淡色の眉斑《びはん》も特徴。

　春先の花である梅とセットで絵に描かれることが多く、花札の「梅に鶯」の絵はおなじみ。鳴き声がかわいらしいことから女性を鶯にたとえることも多いですね。場内アナウンスの女性のきれいな声をたとえて、「ウグイス嬢」というのもそのひとつ。

　体の色は鶯色といって、日本の色として独立したもので、抹茶の色を鶯と呼び、鶯茶の略称にもなっています。抹茶羊《よう》羹《かん》は別名、鶯羹《うぐいすかん》とも。鶯豆、鶯餅など、日本人の鶯好きはきりがありません。

　そんな鶯ですが、夏鳥の代表であるほととぎすに巣を乗っ取られて托卵され、子育てをさせられるのもこの鳥の役目です。

季の鳥

目白

冬に小さな群れをつくる目白も鶯同様、チーチーというその鳴き声のかわいらしさで昔から飼われていました。
　鶯に似た姿をしていますが、目の周りの白いところがチャームポイントで、名前の由来であ

り、特徴です。山林で繁殖し、繁殖の時季以外は平地で暮らすのは鶯と同様。体長は鶯の雌よりやや小柄で黄緑色。

舌がざらついていて花の蜜をよく吸い取るため、「はなすい」、「はなつゆ」などの地方名も。「目白押し」という言葉は、目白が木の枝につめ寄るようにして並ぶ習性があることからきています。

季の花

紅梅・白梅

初春を代表する花といえば梅の花です。バラ科の落葉高木で、卵形で細かいギザギザのある葉が出る前に、早春に香りの強い白、あわ紅、紅色の花を咲かせます。

正月を過ぎて花が咲き始めると、椿と並んで三月まで飾り花のメインを張ります。

切り花としてだけではなく、庭木や盆栽でも愛されるのは、花の色に赤と白があり、両方そろうと紅白あってめでたいからです。同じく庭木や生垣に植えられる椿の紅白の花が特別なのと似ています。

花が散ったあとにできる実は梅酒、梅干しとなり、食卓を飾ります。梅干しは鮭やタラコとともにおにぎりの具、三大人気のひとつ。

まさに見てよし、食べてよしですから、梅は日本人好みの万能選手です。

新暦三月は梅見の季節です。水戸の偕楽園《かいらくえん》をはじめ、青梅の夜梅祭《よるうめまつり》など全国でイベントが行われます。

三候　立春　末候

魚上氷《うおこおりにあがる》

【新暦】2014年2月14日〜18日
【候の意味】割れた氷の間から魚が飛び出る

季のうた

わが園に梅の花散る
ひさかたの天より雪の
流れ来るかも

大伴旅人《おおとものたびと》　万葉集（巻五・八二二）

わが庭に梅の花が散る。天涯の果てから雪が流れ来るよ。

季の行事

渓流釣り

雪解け水で河川の水量が増してくる春の川。山の栄養分をたっぷりと含んだ水は、その清流にすむ生き物たちの糧となって生命の息吹を奏でます。

渓流にはサケ科の魚類であるアマゴや岩魚《いわな》、山女《やまめ》など渓流釣りで人気の高い淡水魚がいます。夏でも水温が14度前後の冷たい川の上流にすむ魚たちです。渓流釣りの解禁は三月から十月前後。冬場は魚たちの繁殖産卵のために禁漁となります。

渓流の春は解禁を待ちかねた多くの釣り人で賑わうと思うかもしれません。でも春の渓流釣りはとても静かなもの。なぜなら渓流にすむ魚たちは警戒心が強いため、人影を見かけるやいなや岩陰に隠れてしまい、決して出てこないのです。

そのため釣り人は誰も人が入っていない釣り場を求めて渓流を上り、森と水にその身を溶かしながら、まだ見ぬ大物や美しい魚体を探し求めるのです。

季の魚

岩魚《いわな》

岩魚の名前の由来は岩穴にすむ魚。標高の高い水質のきれいな湖にも生息していますが、そのほとんどは深く岩の切り立った渓流に生息しています。虫だけでなくかえるやヘビまで食べるという活発な肉食性の魚です。大きいものでは60センチくらいにまで成長します。その一方で大変警戒心が強く、釣り人や動物が渓流に近づくと素早く岩の間に隠れてしまいます。

岩魚を狙う釣り人は登山家のような装備で山に入り、忍者のように素早く渓流に入り釣りをするのです。岩魚の旬は五月から六月にかけて。

塩焼きで食べると泥臭さがなく、白身の大変美味な魚です。また、焼いた岩魚のエキスが酒を黄金色に染めて甘味を深める岩魚の骨酒《こつざけ》も、大変人気です。

季の魚

山女《やまめ》・鯎《うぐい》

初夏を迎えると、川に集まる虫などを積極的に捕食する魚たちが群れをなして泳ぐ姿が見られるようになります。清流では鯎の群れが活発に産卵場所を求めて移動を始めます。

鯎は口に入るものは何でも食べてしまう雑食性の魚です。そのため初心者でも釣りやすく、川釣りで大変人気のある魚です。

産卵期の鯎は別名「アカハラ」とも呼ばれ、腹部に橙《だいだい》色の横筋が浮かび上がります。産卵期の鯎の群れは清流を橙色に染め上げ、初夏の訪れを告げるのです。川をさらに上り渓流にまで行き着くと、山女が繁殖しています。

「渓流の女神」あるいは「渓流の女王」と呼ばれる山女は、産卵期の近づく夏場にその姿が最も美しいものになります。白地に桜色の側線《そくせん》部がうっすらと浮かび、特徴である黒い縦長の楕円模様が一層際立ちます。

山女は姿が美しいだけでなく塩焼きにしてもおいしい食材です。清流で捕れたての山女を炉辺《ろばた》焼きにすることを売りにしている高級旅館もあるほどです。

春

二節気

雨水《うすい》

【新暦】

2014年

2月19日～3月5日

正月中

睦月《むつき》

降雪が雨に変わり、水がぬるみ草木の芽が出始めるころ。二月十九日ごろをいいます。「睦月」は陰暦正月の異称。

季のことば

雪解・雪代・雪汁

雪がとけることを「雪解《ゆきげ》」、雪がとけて川に流れ込む水のことを「雪代《ゆきしろ》」といい、同じ雪解け水を「雪汁」とも。とけた水が雪を押し流し消し去る様子を表したのが「雪消し水」。春の暖かな日差しの中、まだ残っている雪の間を勢いよく流れる川の流れを見るだけで、ちょっと元気になります。

季の食材 山菜

春先の楽しみのひとつに山菜採りがあります。

たらのめはタラノキの前年に伸びた枝につく新芽のみを摘み取ります。天ぷらのほか、お浸し、和え物に。

蕗《ふき》の薹《とう》は早春に葉が出る前に、地下茎から花茎が伸び出したもの。花が咲く前に採りますが、花が出たものは地下茎同様、毒性があるので避けます。細かく刻んで油味噌に絡めた蕗《ふき》の薹《とう》味噌には利用可能。ただし、どちらにも重曹や木の灰などを入れた熱湯でのアク抜きは必要です。天ぷらのほか味噌汁の具、煮物に。

うどは、春から初夏にかけて芽吹いた小さなころに採って食用にします。ただしこの時季を過ぎると、2、3メートルにも大きくなり食用にも木材にも適さないことから、大きいだけで役に立たないという意味の「うどの大木」と呼ばれてしまいます。調理は天ぷら、ぬた、味噌汁の具に。

季の料理

春の山菜の天ぷら

　採ってきた山菜は水洗いしてから水分を拭き取り、蕗《ふき》の薹《とう》は蕾《つぼみ》を少し開き、たらのめは軸のかたい部分を切り落とします。衣は普通の天ぷらより薄めで、ダマが残るくらいにさっと混ぜ合わせます。山菜に薄く薄力粉をつけてから、衣にくぐらせ、１７０度の油でさっと揚げて油をきります。

　山菜はやわらかいので、さっと混ぜてさっとくぐらせ、さっと揚げるのがポイント。できあがった天ぷらは衣がちょっとついているくらいがベストです。

　天ぷらは山椒塩でいただきます。できれば打ち立ての蕎麦と一緒に食べるのが、最高においしいですよ。

　最近の春の山菜は、季節に合わせて出荷されるように育てられていますので、どうしても味が淡白で、特に苦みが少なくなっています。

　こうした山菜は自生している場所が少なくなっています。貴重な食材だけに採りすぎや、山を荒らすことのないように楽しんでください。

四候　雨水　初候

土脉潤起《どみゃくうるおいおこる》

【新暦】２０１４年2月19日〜23日

【候の意味】雨が降って土が湿り気を含む

季の句

みちのくの
淋代《さぶしろ》の浜若布《わかめ》寄す

青邨

季の動物

かわうそ

「獺魚《かわうそうお》を祭る」という言葉があります。これは、かわうそが水中で魚を捕ったあと、すぐに食べないで岸に並べる習性があるため、並べた魚がまるで神様に魚を奉納して祀《まつ》っているように見えるということです。

初春の季語として使われていますが、転じて、書物をたくさん並べて調べ物をする人、よく引用する人のたとえにも使われるようになりました。

「茶器どもを獺《だつ》の祭りの並べ方」

と詠んだのは子規。

正岡子規は自らを「獺祭書《だっさいしょ》屋主人《おくしゅじん》」と称したため、命日の九月九日を「獺魚忌」と呼ぶ方もいるそうです。

魚捕りが上手で愛嬌のあるかわうそは、ラッコと同種の動物で、日本全国に生息していましたが、開発と乱獲のために激減し、一九七九年の目撃例を最後に、二〇一二年に絶滅が宣言されました。

今では、かわうそが魚を祭るのを見ることはありませんが、もともと中国から来たことわざで、実は本当かどうかはわかりません。

季の食材

和布《わかめ》

和布は海苔、昆布と並ぶ日本の三大食用海藻です。海中でゆらゆら揺れる長い葉の部分は2、3メートルにも及び、岩に固着している部分がメカブと呼ばれる生殖細胞のあるところです。

主に塩漬けにして保存し、調理する際に水で塩を落とし

て戻し、味噌汁や汁物の具、酢の物として食されます。

　低カロリーでうま味成分を多く含んでいるため、ダイエット食品としても人気です。しかしこんなにも日本で食されている和布ですが、食べているのは日本以外では、朝鮮半島のみ。

　ヨーロッパなどでは、日本から来た船に付着したワカメが各地で繁殖し大問題になっているところもあり、二〇〇〇年の世界の「侵略的外来種ワースト100」に入っているというから驚きです。

季の祭
お伊勢参り

　神社本庁の本宗《ほんそう》とされる伊勢神宮。正式名称は伊勢をとった「神宮」なのです。知っていましたか? 江戸時代から明治時代にかけてのお伊勢参りはとても有名です。多いときでは、年間で三百万人以上が参拝したといわれています。当時の人口や交通事情を考えると、大変な数の人たちが参拝しています。
　この時季は祈年祭が行われます。五穀豊穣を祈る「大《おお》御饌《みけ》の儀」と、天皇の勅使が参向する「奉幣《ほうへい》の儀」のふたつのお祭り。明治の改暦前は二月四日に行われていましたが、改暦後は二月十七日に行われるようになりました。近年、神宮はパワースポットとして紹介され、個人旅行の女性が増えているそうです。二〇二三年には二十年に一度の式年遷宮が行われます。

五候　雨水　次候

霞始靆《かすみはじめてたなびく》

【新暦】２０１４年2月24日～28日
【候の意味】霞がたなびき始める

季のうた

春の野に霞《かすみ》たなびき
うら悲し
この夕かげに
鶯鳴くも

大伴家持　万葉集（巻十九・四二九〇）

春の野に霞がたなびいて心は悲しみに沈む。この夕光の中に鶯が鳴くよ。

季の花

沈丁花《じんちょうげ》

雨水次候の季語でもある沈丁花の名の由来は、香木の沈香のようなよい匂いと、丁子のような花をつけることからきています。

日本には室町時代に中国から渡ってきており、二月末から三月に小さな淡い紅色の花が手毬《てまり》状に固まって咲き、おしべは黄色。強い香りが特徴です。見られるのはほとんどが雄株で、挿し木で増やしていくそうです。

　赤く丸い実をつけますが有毒です。

季の野菜

さやえんどう

　この時季に、さやえんどうになるエンドウの種をまきます。

　さやえんどうは、お吸い物の具やサラダ・炒め物、和食の飾りなどに欠かせない食材で、軽い歯応えや舌触りが楽しめます。

　このさやえんどうはエンドウ豆を未成熟のうちに採ったもの。その種子がグリーンピースです。

　もともとは中近東産で、麦の栽培時に雑草として育っていたものを食用にしたもので、同様の経緯をたどって今日に至った豆類にはレンズ豆やひよこ豆、空豆などがあります。

　麦と同様、旧暦の夏になると収穫になります。

季の花

カスミソウ

　カスミソウのかつての名前は小米撫子《こごめなでしこ》。耐寒性の一年草で、秋に種まきすると春に開花します。古名のとおりナデシコ科の属のひとつであるカスミソウ属。小さな花を宿根《しゅくね》カスミソウ、大きな花をカスミソウと呼び分けることもあるようですが、なじみ深いのは小さな花で、霞をかけたような華やかさは、華道の脇役として欠かせない存在です。

季の行事

藍の種まき

日本の庶民の着物や、職人が着る作務衣《さむえ》や暖簾《のれん》、手拭いなどの染め物に欠かせない藍色のもとになるのが藍です。

旧暦二月のこの時季に種まきをし、四月に苗を植え替え、七月に刈り取ります。

刈り取ったら直ちに天日干しをして、葉を採ります。この乾燥葉を百日ほど醗酵させることで、藍の染料の「すくも」ができあがります。

藍染めには無地染め、ろうけつ染め、型染め、糸染めなどがあり、木綿や麻をはじめ絹、木材など、天然素材の染色に使われます。

藍染めの藍色は色あせず、奥行きのある風合いがあり、しかも庶民的。この藍色を見るだけで、江戸時代の粋でいなせな職人たちの姿が目に浮かんできますね。

六候　雨水　末候

草木萌動《そうもくもえうごく》

【新暦】2014年3月1日～3月5日

【候の意味】草木が芽吹き始める

季の句

菜の花や
月は東に日は西に

蕪村

季の魚

白魚《しらうお》

天ぷらのかき揚げやちりめん、あるいは寿司の軍艦巻きとして食べられる白魚は淡水と海水が混ざった汽水域にすんでいる魚です。体長は10センチ程度にも成長しますが、細く透明な体をしているのが特徴で、シラウオ科という学名上の分類がされています。

ちなみに躍り食いで有名な素魚《しろうお》はハゼ科の魚で白魚とはまったく別の魚です。白魚の細長く白い姿は、美しい女性の指にもたとえられています。また別名を「トノサマウオ」というのは、野良仕事をしない殿様の指は白くて細長いということに由来するものです。

白魚の食性は動物性プランクトンを中心に小さな虫類を捕食しています。春先から初夏にかけて産卵期を迎えるため、川の下流や汽水湖の砂地に集まってきます。この時季に捕れる白魚は早春の味覚として高値で取引されます。

卵が入った身はぷりっとした食感が楽しめます。産卵を終えるまでの一年間が寿命のため、白魚の大きさによって季節がわかるともいわれています。

白魚漁は刺し網や定置網のほかに、四手網で水深の浅い場所で産卵をする白魚を捕らえます。主な産地は北海道、青森、宮城、茨城などの東日本が中心ですが、島根県の宍道湖の白魚も大変有名です。

白魚漁の様子は春の風物詩。松尾芭蕉の句「あけぼのや白魚白きこと一寸」にも登場し、春の季語として多くの歌人にも詠まれています。

季の食材 わらび・ぜんまい

二月の下旬から三月にかけて降る雨を「木の芽起こし」といいます。この雨に誘われて、山菜があちこちで芽を出します。その代表格がわらびとぜんまいです。

わらびは芽の先端を食しま

す。山菜の中でもアクが強いため、アク抜きしてからお浸しや漬物、味噌汁の具にします。

わらびと並んで山菜の代表格がぜんまい。若い葉は佃煮、お浸し、胡麻和え、煮物にして食べます。

山菜蕎麦の具として使われることの多いのが、よく売られている水煮にした山菜の袋詰め。保存には便利ですが、自分で採った山菜は格別の味がしますよ。

季の花

菜花《なのはな》

童謡『朧《おぼろ》月夜』や数々の歌人や詩人にも詠まれる季の花、菜花ですが、名前の由来は食べられる（菜）花、という意味から。多くはアブラナ、セイヨウアブラナで、この時季の黄色の花をつけた菜花が野に咲き乱れるさまは圧巻です。一月から三月にだけ出荷される旬の野菜で、ビタミンCやミネラルが豊富な緑黄色野菜です。

アブラナ属には種類が多く、アブラナのほかに野沢菜、白菜、カブなども黄色い花を咲かせる菜花として栽培されています。「白い菜花」と呼ばれるのは大根です。

菜花の料理法としては、胡麻和え、お浸し、卵の花や油揚げとの炒め物の定番から、キッシュ、パスタの具などの西洋料理まで数多くあります。

春 三節気

啓蟄《けいちつ》

【新暦】2014年3月6日〜20日

二月節

土の中の虫が動き出すころ。如月《きさらぎ》は陰月二月の異称。また、仲春ともいいます。

季のことば

野焼き・涅槃会

春の初めのこの時季に行われる野焼きは、新しい草がよく生えるように、枯れ草に火をつけて野を焼きます。陰暦二月十五日は釈迦入滅の日。この日に行う法会が涅槃会《ねはんえ》で、更衣《きさらぎ》の別れともいいます。

季の食材

はまぐり

お吸い物や酒蒸しをはじめ、洋食ではクラムチャウダーなど、焼いてもよし蒸してもよしで、幅広い料理に使われるはまぐり。古くは『日本書紀』にも登場し、平安時代には遊戯のひとつである貝合わせにも使われていました。当時の遊び方は貝の色や形を楽しんだり、貝を題材に歌を詠み合わせたりするものでした。やがて、裏返した貝殻の中から対になる模様の組み合わせを探しあてる、現在の神経衰弱に似たような遊びも生まれてきます。

江戸時代には貝殻の内側に蒔絵《まきえ》や金箔を施したもの、あるいは『源氏物語』の絵などを施し、調度品としても親しまれるようになります。はまぐりが貝合わせの材料に使われていたのは、はまぐりはもとの貝同士以外に、決して他の貝殻とは合わせられなかったからです。そのためはまぐりは、良縁や縁結びの象徴として、嫁入り道具のひとつや、現在でもひな祭りの縁起物として食されています。

貝合わせに使われていたはまぐりは、女性の手のひらにおさまる大きさのものが用いられ、伊勢神宮がある伊勢二見で捕れたはまぐりが使われていました。

季の料理

江戸前寿司

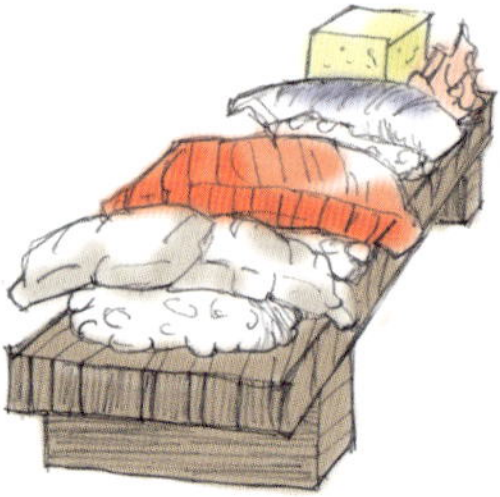

現在、多くの寿司店や家庭で食べられている寿司は、いわゆる江戸前寿司です。

江戸前寿司は文化元年（一八〇四年）の江戸時代に、お酢でおなじみのミツカンの初代・中野又左衛門が酒粕で粕酢《かすず》の製造を始めたことによって広まったといわれています。

それまでの寿司は塩漬けを使って寿司そのものを一年ほどの時間をかけて発酵させてうまみを引き出し、保存がきくようにしたものが中心でした。

初代・又左衛門が注目したのは、短期間に酢を使って発酵させる寿司だったのです。

現在の東京湾で捕れる新鮮な魚介を使って素早く食べることができる寿司は、その種類の豊富さもあって、またたく間に江戸の各所に広がったといわれています。しかし当時は冷凍技術が発達していなかったために、ネタを酢でしめたものや、醤油漬けや火に通すなど下処理をほどこしたものが中心でした。現在のように生魚を使うようになったのは、明治に入って製氷技術が発達してからです。

七候　啓蟄　初候

蟄虫啓戸

すごもりのむしとをひらく

【新暦】２０１４年３月６日〜10日

【候の意味】冬籠もりの虫が出てくる

季の句

菫《すみれ》程な小さき人に
生まれたし

漱石

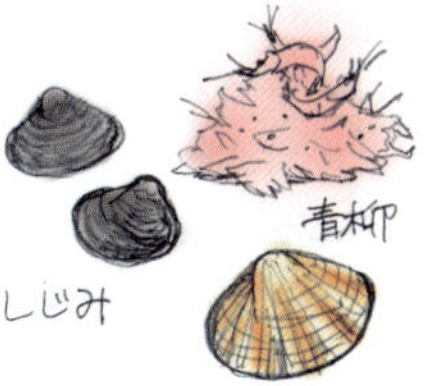

季の食材

春の魚介類
桜海老・青柳《あおやぎ》・シジミ

春の食卓を彩る魚介類たち。薄い桜色の透き通った身を持つ桜海老。薄橙色のむき身が美しい青柳。２、３センチの小ぶりな貝にもかかわらず豊富なビタミンや、肝臓によいオルニチンを持つシジミ。
桜海老は天ぷらのかき揚げやお好み焼き、チャーハンなどの食材として、私たちの生活のさまざまな場面に登場している食材です。桜海老は、春先と晩秋のわずか数カ月の間に日本の駿河湾だけで捕獲されます。夜に、海の底から海面にほど近いところまで浮き上がってきたところを網で捕らえます。

青柳はバカガイの殻を取り除いたむき身のこと。産卵を迎える春が、食用の旬とされています。主に寿司のネタとして多くの人に知られています。青という名前にもかかわらず身は薄い橙色。名前の由来は、貝自体であるバカガイという名称を嫌った江戸の寿司職人が、バカガイの集積地となっていた上総国市原郡青柳の地名から取ったとされています。

海水と淡水の入り混じった汽水域に繁殖するシジミですが日本の固有種は三種類といわれ、最も多く漁獲されるのはヤマトシジミです。一月から二月にかけての厳冬期に捕れるシジミは「寒シジミ」と呼ばれて栄養価も高く、おいしいとされています。近年はタイワンシジミなどの外来種が多く輸入され、年中食べることができる食材ですが、日本では青森県の十三湖や小川原《おがわら》湖、島根県の宍道湖が漁獲地として知られています。

季の花

菫《すみれ》

春先にラッパのような形の花を咲かせる菫は、どこでも顔を出す野草です。花の色は独特の菫色という名前にまでなった青紫。五枚ある花びらは下一枚だけが大きいのが特徴です。

　山菜としても葉を天ぷらにしたり、ゆでてお浸しや和え物にします。花も酢の物や椀物の具に使われます。

　ただし、パンジーやニオイスミレなどは毒があるので注意。

　菫の名前は花の形が墨入れに似ているからという説がありますが、定かではありません。

季の行事
桃の節句

　桃の節句といえば三月三日、ひな祭りの日。「上巳《じょうし》」と呼ばれる五節句のひとつです。ひな祭りの風習の起源は、平安時代にまでさかのぼるといわれています。平安時代、貴族階級の間で自分の厄災を代わりに引き受けさせた紙人形を川に流していたそうです。それがやがて豪華な雛人形を飾り、次第に祝うようになりました。

　そして江戸時代に五節句が制定されると、日付は三月三日に固定されます。かつては貴族階級での風習でしたが、市井《しせい》へと広まり女の子の厄除けと健康祈願の行事として定着していったのです。ひなあられやひし餅といった桃の節句と関係の深い食べ物もあります。ひなあられは、かつて野外でひな遊びをするために持っていった簡単な食事、ひし餅を砕いたものがもとになったといわれています。

八候　啓蟄　次候

桃始笑《ももはじめてわらう》

【新暦】２０１４年３月11日～15日

【候の意味】桃の花が咲き始める

季のうた

風さそふ花よりもなほ
我はまた
春の名残を
いかにとやせん

浅野内匠頭《たくみのかみ》

季の食材

帆立貝

帆立貝は貝殻の直径が15センチほどの大きさがあり、貝柱をはじめ、身を刺身にしても焼いても十分食べ応えがあります。その名前の由来は海中を移動する様子。帆立貝は捕食者から身を守るために出水管から海水を勢いよく吹き出して海中を素早く移動することができます。そのときに二枚貝の殻を勢いよく開く姿から帆立貝と呼ばれています。

大きく美しい貝殻は欧州でも広く美術品に使われ、ボッティチェリの『ビーナスの誕生』にも登場しています。

帆立貝は、日本では主に東日本の太平洋沿岸の冷水域の浅瀬で多く捕られていました。現在では養殖も盛んですが、自然の海で外敵から保護をしているだけです。だから、栄養分は植物性プランクトンという、海からもたらされる自然の恵み。味は天然ものと大きく変わりません。

旬の時季は産卵前の三月ころ。うまみ成分であるアミノ酸、グルタミン酸などをたっぷりと含んだ身は、甘みとともに肉厚でやわらかい食感が誰からも愛されています。

季の祭
春日祭

奈良県の春日大社における例祭です。旧暦では二月と十一月の上申日に行われていましたが、明治十九年以降は新暦の三月十三日に固定されて

います。宮中から天皇の名代である勅使が参向《さんこう》して儀式を執り行い、国家の安泰と国民の繁栄を祈ります。

　天皇の勅使が派遣されて行われるものを「勅祭」と呼び、その中でも旧儀保存の観点から古式に則《のっと》り行われるものを特に「三勅祭」と呼びます。

　春日祭はそのうちのひとつで、残りのふたつは賀茂神社の賀茂祭（葵祭）、石清水八幡宮の石清水祭です。

季の花
桃の花

　梅の花と桜の花の間の楽しみは桃の花の開花です。三月下旬から四月初めに薄桃色の花を咲かせます。梅、桜同様、葉が出る前に花が咲きます。その華やかさは桜に負けません。

　桃の実は旧暦の秋に実を結び、水分、糖分、カリウムなどを含みます。水蜜桃、白桃、白鳳、黄桃など多くの品種が出回っていますが、栽培中に害虫に侵されやすく、取り入れ後も傷みやすい果物です。

　水分が多いため、平安、鎌倉時代には夏の「水菓子」と呼ばれて珍重されていましたが、当時の桃はそんなに甘くなかったようです。

九候　啓蟄　末候

菜虫化蝶《なむしちょうとかす》

【新暦】２０１４年3月16日〜20日
【候の意味】青虫が羽化して紋白蝶になる

季の句

夕日影町半《まちなか》にとぶ
胡蝶かな

其角

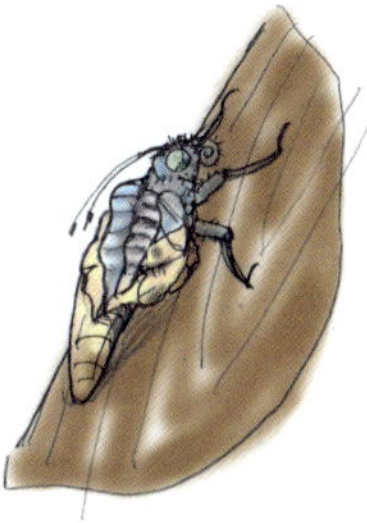

季の虫

紋白蝶

春とともに現れる紋白蝶は、冬の間蛹《さなぎ》として過ごします。そして気温が15度になると、チョウに変わり花畑を舞い始めます。二週間ほどの短い寿命の間に産卵します。生まれた青虫の食欲は旺盛で、四、五回行われる脱皮の間にキャベツの葉などを食い荒らします。そしてこの青虫が蛹になり、蝶になるということを秋まで繰り返しますが、夏は天敵が多く数を減らすため、あまり姿を見なくなります。そして冬を迎えた蛹はそのまま冬眠して、また春を待ちます。

季の魚

飛魚

流れのある沿岸で集団で海面近くを泳ぎ回る飛魚は、外敵に襲われると水中から飛び出し、大きな胸ビレを翼のように広げて空を滑空します。高さは出ないものの、時には何百メートルもの距離を飛ぶことがあるそうです。

初夏に旬を迎える飛魚は、40センチ近い大きなものは高級魚として取引されます。そのまま焼いて食べると、脂が少なく淡白な味の魚です。しかし、ちくわやくさやなどの加工品にすることで、大変おいしい食品になります。

また煮干しにしたものは「あごだし」と呼ばれ、味噌汁や日本料理だけでなくラーメンのスープに使われるなど、「あごが落ちるほど」大変おいしい出汁《だし》のもとになります。

もともと脂が少ないために味にムラがなく、しっかりとした上品な味わいの出汁が取れるのです。

また、飛魚の卵を軍艦巻きにしたトビッコの巻き寿司は、卵の小さな粒の食感が人気の珍味として、多くの寿司好きに愛されているネタです。

季の行事

十六団子の日

三月十六日は春になり、田の神が山から下りてくる日とされています。東北地方では、田の神を迎えるために、米粉や上新粉で作った団子を十六個供える風習があります。田の神は臼と杵の音を聞き、山から下りてくるといわれているため、臼杵で米を挽き、餅を作ったそうです。秋の十月十六日、または十一月十六日は、逆に山に登る田の神を送るために十六団子が用意されます。シンプルな団子ですので、黒みつや小豆などでいただきたいですね。

季の行事

修二会《しゅにえ》

修二会は日本の仏教寺院で行われる法会のひとつで「修《しゅ》二月会《にがつえ》」ともいいます。旧暦二月（新暦三月ごろ）はインドの正月に当たるため、仏の供養をするために始められたという説がありますが、現在日本以外でこの法会が行われていないため、定かではありません。

新暦三月一日から十四日まで行うのが東大寺修二会で、通称「お水取り」と呼ばれているもの。二月堂の本尊である十一面観音に練行衆《れんぎょうしゅう》という行者が過去の罪を懺悔して、五穀豊穣や天下泰平などを祈祷するものです。

春
四節気

春分《しゅんぶん》

【新暦】
2014年
3月21日~4月4日
二月中
如月《きさらぎ》

春分の日は、太陽が真東から出て真西に入るため昼夜の長さがほぼ等しくなります。春分の日が春彼岸の中日で、この日を中心に前後三日の七日間が春彼岸です。

季のことば

彼岸会《ひがんえ》・彼岸桜

春と秋の彼岸の七日間にそれぞれ行われる法会。寺院に参詣し、墓参りなどの仏事を行います。春、秋ともお彼岸は先祖に会いに墓参りに行き、お盆は先祖をお迎えしします。俳句では彼岸会は特に春を指していることばです。桜がこの時季開花することから「彼岸桜」ともいわれます。

季の行事

春彼岸

毎年、春分と秋分を中日に前後七日間を「彼岸」と呼びます。お寺に参拝して先祖を供養する期間ですね。

仏教行事の多くがインドや中国で生まれたものですが、この彼岸は日本発祥のもの。大同元年（八〇六年）に行われた早良《さわら》親王の鎮魂が始まりといわれています。早良親王が平城天皇に祟りをなすとされ、春と秋の七日間、国分寺の僧が「金剛般若経」を読んだとされています。また春分の日は太陽が真東から昇り、真西へと沈みます。西には阿弥陀如来がいらっしゃる極楽浄土があり、この日に供養することで極楽浄土へ行くことができると考えられています。

そして「暑さ寒さも彼岸まで」といわれるように、暦ではなく体感で季節の変わり目を感じることができる時季でもあります。

季の行事

彼岸の作法

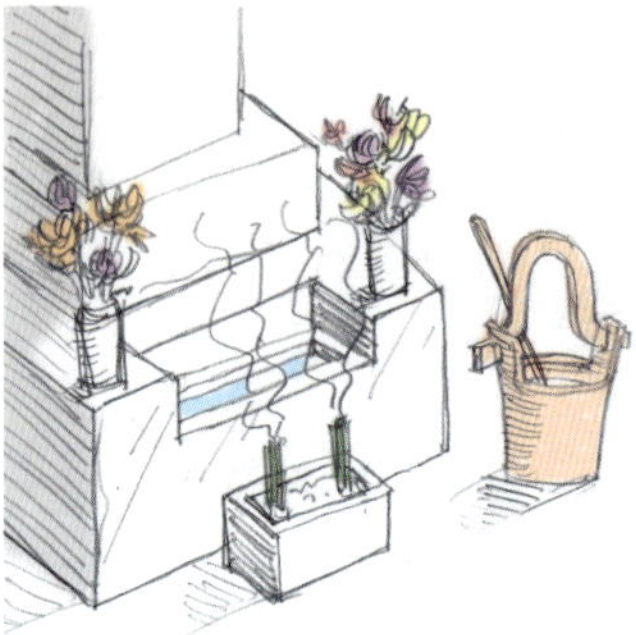

彼岸はご先祖様をお迎えする期間です。お坊さんに来ていただき読経をしていただくのがベストですが、せめてご先祖様を迎える準備をして、一家でお墓参りをしたいものです。

まず彼岸入りの日に、仏壇の両側に団子を山型になるように盛り、お供えします。下から六個、三個、一個と積み、一番上に赤い団子を置くことが多いのですが、これを彼岸団子といいます。そして春の彼岸の中日である春分の日には仏壇にぼた餅をお供えします。うるち米と餅米を交ぜたものを炊くか蒸すかしてついて丸め、餡《あん》をまぶします。ぼた餅の名は、春の花である牡丹が由来といわれています。ちなみに秋の彼岸の餅は、「おはぎ」です。これは秋に咲く萩に由来しています。

この時季は「彼岸会《ひがんえ》」と呼ばれる僧侶の法話や厄祓いの行事が行われていることが多いので、できる限り参加したいですね。

十候　春分　初候

雀始巣

すずめはじめてすくう

【新暦】２０１４年３月21日〜25日

【候の意味】雀が巣を構え始める

季の句

雀の子そこのけそこのけお馬が通る

一茶

季の鳥

雀

雀は不思議な小鳥です。世界中に分布しているにもかかわらず、人間の住む集落にすみ、人間がいなくなると雀もいなくなります。烏や鳩と同じく、私たちが最も身近に感じる鳥です。地面を歩くとき、飛び跳ねるようにして歩く姿と、チュンチュンという鳴き声が特徴的。雑食性で何でも食べますが、田んぼで実ったお米が好物なのは迷惑な限り。この時季には巣作りのために稲をくわえて飛んでいる姿が見られます。人間のそばにいないと暮らせない雀ですが、飼うのは大変難しいようです。

季の行事

法隆寺聖霊会《しょうりょうえ》

奈良県の法隆寺で行われる聖徳太子命日の法要です。聖霊会は毎年三月二十二日に行われていて、これは「お会式《えしき》」「小会式《しょうえしき》」などと呼ばれています。

お会式の始まりは、法隆寺夢殿《ゆめどの》が建立された天平十九年（七四七年）の翌年からと推測されていて、聖武天皇の意を受けた僧の行信が、命日に三百名ほどの僧とともに法要を行ったのが始まりだったそうです。

この日は聖霊院で、秘仏とされる国宝の聖徳太子坐像の拝観もすることができますので、遠方から訪れる人も多く、賑わいます。このお会式ですが、十年に一度行われる聖霊会を「大会式」として、日にちをずらして四月二十二日に行います。

また、聖徳太子が建立したといわれる四天王寺でも、毎年四月二十二日に聖霊会が催されています。

日本三舞台のひとつとされる石舞台では、重要無形民俗文化財である舞楽が披露されて、多くの見物客が訪れます。

季の花 タンポポ

旧暦二月のこの時季、タンポポといえば、風にのって種子を飛ばす白い冠毛。誰でも一度は道端に咲いているタンポポの冠毛に息を吹きかけて飛ばしたことがありますよね。

タンポポは根に健胃、利尿、催乳などの効果があり、生薬として解熱、発汗作用もあるとか。ワインの原料として使う地域もあり、タンポポコーヒー、タンポポ茶もありますが、茎が空洞になっていることで、タンポポ笛にも使えます。

変わった利用法としては、茎に含まれる乳液からゴムを採取するところもあるそうです。実際、日本のタイヤメーカーもこのゴムについて研究しているとか。

季のことば 山笑う

春の山の明るい様子を表した、春の季語です。秋の山は「山装う」、冬の山を「山眠る」といいます。中でも春の「山笑う」は見事な表現力で感心するというか、思わずうなってしまいます。春になりいっせいに芽吹いた木々が山を覆い、緑の力強さを得たさまが、「山笑う」。原典は中国北宋の画家、郭熙《かくき》の四時山と呼ばれる次の詩よりきているようです。

「春山淡冶《たんや》にして笑うが如く　夏山蒼翠《そうすい》として滴るが如し　秋山明浄にして装うが如く　冬山惨たんとして眠るが如し」

十一候　春分　次候

桜始開《さくらはじめてひらく》

【新暦】２０１４年３月26日～30日

【候の意味】桜の花が咲き始める

季のうた

あしひきの山桜花
日並べて
かく咲きたらば
いと恋ひめやも

山部赤人　万葉集（巻八・一四二五）

あしひきの山の桜が何日も、このように咲くのなら、どうしてひどく待ち焦がれよう。

季の花

桜

　春の花の四番バッター、日本人の心の国花、桜の花がやっと開きました。毎年待ちに待った桜の開花。気象庁の職員が誇らしげに開花宣言すると、テレビや新聞もこぞって取り上げるのも桜以外では考えられません。花鳥風月が感じられなくなったと嘆かれることが多い二十一世紀でも、桜は特別な存在です。

その見事な咲きぶりと、潔い散りざまは、武士の鑑《かがみ》とか、人生に重ね合わせることも多いですね。

公園や川べりに並んだ桜の多くはソメイヨシノです。数が多いので、今となっては桜といえばソメイヨシノのことを指しているくらいです。その絶対多数のソメイヨシノですが、実は極めて繁殖能力が低いため、人間が接《つ》ぎ木しないと増えていけません。ソメイヨシノ好きの人間と、その人間がいないと生きていけないソメイヨシノの関係は面白いですね。

もちろんほかにも山桜やマメ桜など数十種の桜があり、各地に桜の名所があります。桜が咲いたら、老いも若きもお弁当を持って花見に出かけます。昼の桜も夜桜も、どちらも風情満点です。はしゃぎすぎて大酒を飲み、満開の桜の下で大トラが暴走するのも日本の風物詩です。

桜の花ばかりに注目がいきがちですが、夏に実るサクランボ、秋の葉の茂りぶり、そして秋の紅葉の見事さは筆舌に尽くしがたいものがあります。

季の行事

吉野花会式《はなえしき》

奈良県吉野町にある、金峯山寺《きんぷせんじ》で行われる儀式のことで、吉野の桜が美しく咲く四月に、本尊の蔵王権現の神木である桜を神前に供えます。奴《やっこ》行列を先頭に僧侶、稚児《ちご》、山伏や信徒らが列をなして竹林院から蔵王堂までを進みます。

この行列は十万石の格式といわれています。そして法要のあと、蔵王堂の前で大護摩が焚かれ、千本づきでつかれた餅がまかれます。

季の鳥

雲雀《ひばり》

草原や農耕地などの視界の開けた場所の上空で、空高く雲雀が飛んでいたかと思うと、急降下を始めて草むらに。でも探しても巣が見つからないことが多いですね。地面に巣を作るので外敵が多いはずですが、たくみに巣の位置を知られないように飛んでいるのです。

繁殖期にオスがさえずりながら上空に高く上がっていくさまは「揚げ雲雀」と呼ばれる春の風物詩です。

日本では飼いならした雲雀を放ち、そのさえずりと飛ぶ高さを競わせる遊びのことも「揚げ雲雀」と呼んでいましたが、鳥獣保護法で現在は禁止されています。

その美しい鳴き声も大きな魅力で、歌手・美空ひばりの芸名も、まさにそこに由来します。茨城県と熊本県では自治体の指定の鳥です。

十二候　春分　末候

雷乃発声《かみなりこえをはっす》

【新暦】2014年3月31日～4月4日

【候の意味】遠くで雷の音がし始める

季の句

大空に木蓮の花の
ゆらぐかな

虚子

季のお菓子

桜餅

地域によって長命寺桜餅と、道明寺桜餅がありますが、どちらも桜の葉で巻き、中に餡が入っている餅菓子である点は同じ。長命寺桜餅は、焼いた餅の生地を二つ折りにして、餡はこし餡、葉は一枚から三枚で餅皮を覆っています。

道明寺桜餅は玉状の粒のある道明寺粉を蒸した餅で弾力と粘りがあり、これに餡を詰めて桜の葉を餅にぴったりくっつけて包みます。長命寺は関東、東北、山陰で桜餅と呼び、道明寺は道明寺と呼んで区別しています。ほかの地域はその逆が多いようです。

季の花

木《もく》蓮《れん》

「紫木蓮」の別名があるほど、紫の花が多い落葉低木です。名の由来は、蓮の花に似た花の木だから。

近縁種には大きな白花をつける白木蓮、白木蓮と紫木蓮の雑種で両種の中間のピンク色の花のものも多いですが、白花から紫花まで変化に富んでいる更紗《さらしな》木蓮もあり、どれも大型で街路樹などにも使われています。

ほかにも、大きな白花が上に向かって咲くモクレン科のウケザキオオヤマレンゲ、マグノリアもモクレン属です。

開花時期は、白木蓮が早く、その後、更紗木蓮、木蓮の順で咲きます。どの木蓮の花もゴージャスで、まるで結婚式のドレスのようにあでやかです。

梅、桃、桜の間を縫って私たちの目を楽しませてくれます。

季のことば

花冷え・春雷

花冷えは、桜が咲くころ、陽気が定まらず、一時的に冷え込むこと。また、その寒さ。暖かい日が多い時季ですが、時に北から冷たい空気を伴った高気圧が南下して低温になります。この時季に南関東では雪が降ることも。

春雷は春に起こる雷のこと。ほとんどの場合は前線の通過に伴う界雷ですが、雹《ひょう》を降らせて作物に被害を与えることもあります。

「春雷」はそのほかに、文学やマンガのなかや、歌詞に用いられ、穏やかな日常に突然起こる事件や心情の劇的変化を表したり、それらの作品の題名になることも多いことばです。

季の野菜

三つ葉

日本原産で本州を中心に広く自生するセリ科の多年草です。名前のとおり葉が三つに分かれています。

われわれが食べるのは茎と葉。ベータカロチンを多く含む緑黄色野菜で、山菜としては春から夏が旬。野生のものは葉が大きく香りも強いのが特色です。

お浸しや和え物にしますが、お吸い物や丼物、鍋物の具にもよく使われます。

春

五節気

清明《せいめい》

【新暦】

2014年4月5日～19日

三月節

すべてのものが清らかで生き生きするころ。このころ、天地がすがすがしく明るい空気に満ちるといいます。転じて清く明らかなことの意味にも使われます。

季のことば

朧月夜《おぼろづきよ》

春の夜にほのかに霞んでいる月の様子をいいます。『源氏物語』に登場する朧月夜は、あでやかで奔放な美女で、物語では珍しく、光源氏との激しい恋が描かれています。名前の由来は和歌「照りもせず曇りもはてぬ春の夜の朧月夜にしく(似る)ものぞなき」からきています。この時季、月が霞んで見えるのは、中国から飛んでくる黄砂の影響とか。

季の魚

春の魚
（イトヨリ・サワラ・サヨリ）

春の海は水温が上がり、温かくなってくるとともに、川から雪解け水に乗って流れてくる豊富な栄養分を多く含んでいます。魚たちは産卵を控え浅瀬に集まり、そこで活発な捕食活動を繰り広げます。尖ったくちばしと細長い身が特徴のサヨリは、産卵期に動物性プランクトンを捕食するために海面近くに群れで集まってきます。この時季のサヨリは脂肪が多く、白く透明な刺身は人気の料理のひとつです。

サバの仲間であるサワラは、体長が1メートル近くになる大きな回遊魚です。春にはこの魚も産卵のために沿岸に近づいてきます。サワラは甘口の味噌に漬けて焼いた、西京焼などの食材として、高級魚に位置しています。

同じく春の魚であるイトヨリも高級魚のひとつ。皮目が赤地に虹色の横筋模様が美しいイトヨリは、白身を焼くと身がほぐれるようなやわらかい焼き魚となっています。

季の祭

清明祭

沖縄では、四月からご先祖祭りの「清明祭」が始まります。沖縄の三大行事のひとつで「シーミー」と呼ばれ、先祖の墓にお重の料理を供えて宴を開き、供養と親族の親睦を深めるものです。お供えする料理は地域によって異なりますが、天・地・海を象徴するもので、鳥肉、三枚肉の煮付け、赤いかまぼこなどを重箱に詰め、豪勢かつ日持ちしやすいのが特徴です。

沖縄本島南部では一族全員が同じ墓に入る伝統があり、必然的にお墓が大きくなります。そのため宴の規模も大きくなり、各地で賑やかな清明祭を見ることができます。

この行事は十八世紀に中国から伝わりました。当時は農事の始まりのこの季節に、先祖の力を借りるために祭事を行っていたそうです。それが広まるにつれて、徐々にご先祖祭りへと変化していったといわれています。

清明の入りから十五日以内に行われていましたが、現在は休日に行われることが増えているようです。

十三候　清明　初候

玄鳥至《つばめきたる》

【新暦】２０１４年４月５日〜９日

【候の意味】燕が南からやってくる

季の句

妻も吾も
みちのくびとや鰊《にしん》食ふ

青邨

季の鳥

燕

三月になって暖かくなってくると、南の国で避寒していた燕が、生まれ故郷の日本に帰ってきて巣づくりをします。夫婦で一緒に泥や藁《わら》などに唾液をまぜて巣をつくると、卵を三個から七個産みます。雛が生まれたら親鳥は餌取りに精を出します。稲を荒さず田んぼで害虫などを捕ってくるので人間にとっては益鳥といえます。

　子供たちが育って独り立ちすると、余裕があればもう一回産卵から子育てを繰り返します。冬になるとボルネオやフィリピン、マレー半島、ジャワ島、台湾などへ旅立ちます。

季の行事

十三参り

七五三ほど盛んではありませんが、数え年で十三歳の身《み》祝《いわい》です。空海が行《おこな》って飛躍的に知恵が伸びたという逸話に由来しています。知恵参りともいい、子供の多福・開運祈願のために、旧暦三月十三日に虚空蔵菩薩に知恵を授かりに行くのがしきたりでした。

　関西で盛んで、京都嵯峨の虚空蔵菩薩参りが有名です。お参りの際、半紙に自分の大切な一文字を書いて供え、祈祷してもらいお守りをもらって帰りますが、絶対に振り向いてはいけないという約束事があります。いただいた知恵を返さなければならなくなるからです。

　昔の十三歳は元服。ですから大人の寸法の着物を仕立てて着ていくことで、立ち居振る舞いを身につけさせるという意味もあったようです。

季の魚

鰊《にしん》

鰊は太平洋北部からベーリング海の広い海域を回遊する魚で、五月から六月にかけて産卵期を迎えるため、日本の沿岸に近づいて卵を産みます。

「鰊来たかとカモメに問えば」とソーラン節にも歌われたように、沿岸に集まった鰊をカモメの群れが狙う風景が、季節の訪れを漁師に告げていました。春には鰊の白子で海が白く染まったといいます。脂がのっている春から初夏の鰊は塩焼きにするだけでも大変おいしいもの。ただ小骨が多いことと日持ちしないために、頭と内臓を取り除いて干物に加工することが多かったようです。これがいわゆる「身欠き鰊」です。身欠き鰊は煮付けたり、かば焼きにするなどさまざまな料理に使われ、多くの人の口に運ばれることになりました。第二次世界大戦前には鰊漁で潤った網元の屋敷を「鰊御殿」とも呼んでいました。またお正月のお節料理に欠かせない数の子はこの鰊の卵巣のことです。

季の行事

お花祭り（甘茶かけ）

四月八日はお釈迦様が生まれた日とされています。草花で飾った花御堂を造り誕生仏を中央に置き、柄杓《ひしゃく》で像に甘茶をかけてお祝いするものです。宗派に関係なく、多くの寺院で行われている行事です。

「お花祭り」とかわいらしいことばがついていますが、正しくは「灌仏会《かんぶつえ》」といわれます。

なぜ甘茶をかけるのでしょうか？　これは釈迦が生まれたときの状況を再現するためだそうです。生まれたときに有名な言葉「天上天下唯我独尊」と言ったとされます。さらに誕生のときに龍が現れ、甘露の雨を降らせました。この甘露の雨を再現するためのものが甘茶なのです。

十四候　清明　次候

鴻雁北《がんきたへかえる》

【新暦】2014年4月10日～14日

【候の意味】雁が北へ渡って行く

季の句

順礼に打ちまじりゆく
帰雁かな

嵐雪

季の野菜

フキ

日本原産のフキは独特の香りと、セロリに似た食感で、この時季市場に出まわる季節野菜です。柄の部分を煮付けたきゃらぶきが一番人気。葉の佃煮は大人の味。夏になると苦みが増して食用に適さなくなります。きゃらぶきは、スポンジで表面を洗って毛を落としてひと口大に切り、10分ほど塩で煮、水にさらしてアクを取ります。ひたひたの水に醤油・酒・砂糖・赤唐辛子を加えて煮汁がほんの少しになるまで煮詰めると出来上がり。

季の魚

鯵《あじ》

鯵の名前の由来は、「味」がおいしいから、という説があります。漢字で魚偏に参を組み合わせているのは、三月が最もおいしく食べられる魚という意味も込められているようです。

鯵は大きな群れをつくり日本の沿岸の中層域を回遊しながら、動物性プランクトンや小魚を捕食しています。魚群探知機などの技術の恩恵を受けてかつては日本中で大量に漁獲されていましたが、一九六〇年代に生体数の減少が確認されて以降は、漁獲量が制限されています。鯵の最もおいしい食べ方として知られているのが鯵を開いて天日で干したもの。いわゆる「鯵の開き」です。鯵は天日で干すことで身が引き締まり、鮮魚よりもうまみが凝縮されておいしくなるのです。

小鯵と呼ばれる小さなものは、みりん干しにして酒の肴にしたり、まるごと油で揚げて南蛮漬けにして食べることが多いようです。小田原で有名な駅弁に、小鯵の押し寿司があります。塩でしめた小鯵の身を酢に漬けて関西風の押し寿司にしたもので、口に入れると鯵の脂とともに酢の味が食欲をそそります。明治三十六年の発売以来、多くの旅行者に愛された、今でも人気の駅弁です。

季の鳥

雁《がん》

暖かくなってくると、冬鳥である雁が北に旅立ちます。北海道や東北北部の湖沼や河川、田んぼなどでヒシなどを食べて過ごす雁は、冬の風物詩として日本画や小説、『万葉集』の和歌など、多くの作品に登場してきました。「雁風呂」ということばがあります。これは、北から枝を持って渡ってきた雁は日本に着くと枝を浜辺に落とし、帰るときにまた拾っていくと思われていました。雁が帰ったあとに海辺に残った枝は、日本で死んで帰れなくなった雁のものだとして、供養のため枝を集めて風呂を焚いたという逸話です。

雁はカモ科ですが、鴨より大きく白鳥より小柄。雁から作出され、家禽として飛べなくなった鳥がガチョウです。肉が美味なため乱獲されて稀少になった雁は、保護鳥として現在禁猟の対象です。

十五候　清明　末候

虹始見

にじはじめてあらわる

【新暦】２０１４年４月15日～19日

【候の意味】雨の後に虹が出始める

季の句

虹立ちて
忽《たちま》ち君の在る如し

虚子

季の魚

初鰹

鰹は世界中の温暖な海に生息し群れで回遊しながら小魚を食べて生息しています。その体は大きいものでは1メートルにもなります。日本沿岸には黒潮に乗って北上し、初夏のころに回遊してくるものを「初鰹」と呼んでいます。

江戸時代にはこの初鰹が大変珍重され「女房子供を質に出してでも食え」と言われたほどでした。また秋になって親潮とともに南下するものを「戻り鰹」と呼びます。鰹漁の歴史は古く、『古事記』の中にも「堅魚」という名前で登場しています。

鰹の干物は献納品として重宝され、戦国時代にも縁起物とされていました。鰹の語源は、その身のかたいことから文字どおり『堅い魚』から由来したものとされています。

鰹は回遊魚のため網で捕らえて泳ぎを止めてしまうと、身が温まって焼けて傷んでしまいます。そのために鰹は身をかたく干したものが食されていました。これが江戸時代になって燻製にし、コウジカビを使って保存性とうまみを増した干物として開発されました。それが今の日本料理には欠かせない食材となった鰹節です。

また鰹は一本釣りで豪快に釣り上げたものが一番おいしいとされています。鰹は、生きたまま冷凍保存され、刺身やたたき用に出荷されています。

季のことば

虹

冬と春先の乾いた空気から、次節気の「穀雨」が近いことが感じられ、雨の季節になると虹が現れ始めます。木々が色づき、花が色とりどりに咲くなか、虹の出現によって、空もまた色づいて世の中がますます明るくなっていきます。

「虹の向こうには幸せがある」

と歌ったのは『オズの魔法使い』のドロシーですが、虹の出現にはそう思わせるのに十分なほど、胸躍らせるものがあります。

虹は、太陽の光が空気中の水滴によって屈折、反射されるときに、水滴がプリズムの役割をするために光が分解されて複数色の帯に見える現象です。

日本ではニュートンの虹の研究が学校教育で教えられているためか、虹の色は七色とされていますが、ニュートンは虹の色は中間色を含め無限であるのを承知の上で、あえて神聖な数である七色にしたようです。

また漢字の虹が虫偏なのは、古来中国では、虹をヘビや龍など水神と同一視していたことからきているようです。

季の祭　古川祭

岐阜県古川町にある気《け》多《た》若《わか》宮《みや》神社の例祭です。日本三大裸祭りのひとつとされ、天下の奇祭と称される「起《おこ》し太鼓」が有名です。さらに九台の豪華絢爛な曳き屋台が町を曳き回され、舞台でからくり人形や子供歌舞伎が演じられる「屋台行列」も必見。国指定重要無形文化財に指定されています。かつては旧暦の八月六日に行われていましたが、疫病が流行したために十一月に変更され、明治二十二年から現在の日程（四月十九、二十日）になりました。

春 六節気

穀雨《こくう》

【新暦】2014年4月20日〜5月4日

三月中

弥生《やよい》

たくさんの穀物を潤す春の雨が降るころ。この時季の三月末から四月にかけて連日降り続く寒々とした小雨の長雨のことを「春霖《しゅんりん》」といい、別名「菜種梅雨」とも。

季のことば

晩春・催花雨《さいかう》

晩春は春の末、春の終わりを表す陰暦三月の異称です。「春の花を早く咲けとせきたてるように降る雨」と見立てた名が催花雨。春の雨ひとつに、ここまで気持ちを込めて表現した日本人の感性は本当に素晴らしいですね。映画『晩春』は名監督・小津安二郎の大傑作。晩春を背景に、鎌倉の大学教授とその娘の深い愛情が、父娘の枠を超えてあふれ出ています。

季の果実

枇杷《びわ》

秋から冬に黄色がかった白い花をつける枇杷は、温暖な地域で、初夏のこの時季に実をつけ始めます。バラ科の常用高木で、黄橙《おうとう》色に熟した鈴なりの枇杷の実は、自然からの甘くておいしい贈り物です。枇杷は大きな種が特徴ですが、二〇〇六年に種なし枇杷の品種「希房」が開発されました。生食でもおいしいですが、ジャム、ゼリー、枇杷酒、缶詰など加工食品でも人気です。枇杷の木は非常にかたいので、昔から杖や、剣道の木刀の材料に利用されています。

また、枇杷の葉は万病に効くと古代からいわれています。たしかにサポニン、アミグダリン、ビタミンB17、タンニンなどを含んでいる不思議な植物で、鎮咳、去痰、胃腸不良、皮膚炎、かぶれ、湿疹などに効能があり殺菌作用まであるため、ニキビにも効くといわれます。古代中国では、枇杷の木が植えてある家に、病人が集まってきて葉を求めるため、縁起が悪いとされていたそうです。

季の魚

ホタルイカ

ホタルイカは、春の終わりから夏にかけて産卵のために海岸近くに大群で現れ、夜の海に幻想的な風景をつくり出します。それは春の風物詩として国の特別天然記念物にも指定され、富山県の観光の目玉ともなっています。

ホタルイカは体長わずか5センチ前後の小さなイカです。ホタルイカはその名のとおり触手部分に発光器を持ち、何かに触れることで青白い光を放つ習性があります。

普段は２００メートル以上の深い海にすむホタルイカが放つ美しい光を海面で見ることができるのは、日本では富山湾に限られています。

ホタルイカは食用としても多くの人に愛されています。身が傷みやすいため佃煮などの煮物にしたり、ゆでたあとに酢味噌で和えて食べたりするのが一般的です。

ただ新鮮なものは足だけを刺身にして「竜宮そうめん」として古くから食されてきましたし、最近の冷凍技術の発達で春先に刺身として売られることもあるそうです。

十六候　穀雨　初候

葭始生《あしはじめてしょうず》

【新暦】２０１４年４月20日～24日

【候の意味】葦が芽を吹き始める

季の句

日の暮れや葦の花にて
子をまねく

一茶

季の花

山吹

晩春になると黄色の五弁花を咲かせるのが、バラ科ヤマブキ属の落葉低木、山吹です。山間の湿地などに群生して、暗褐色の実をつけますが、庭木に多い八重咲きの山吹は実をつけません。似た品種で四弁のシロヤマブキがありますが、日本では岡山県にのみ自生しています。

深い黄色の山吹色もまた、日本固有の色です。山吹色に似ていることから、江戸時代までは大判・小判のことを単に「山吹」と呼ぶこともありました。どことなくありがたいお宝色ともいえますね。

和歌ではしばしばかえるとともに詠まれます。山吹には、和歌から発した、次のような太田道灌の有名な話があります。

ある雨の日、扇谷上杉家の家宰《かさい》であった太田道灌が鷹狩りに行ってにわか雨に遭い、あばら家に駆け込むと少女が出てきました。道灌が少女に蓑《みの》を貸してもらえないかと尋ねたところ、少女は黙って山吹の花一輪を差し出しました。道灌は怒って帰り、近臣の一人に話したところ、その者が『後拾遺集』の醍醐天皇の皇子の和歌に「七重八重、花は咲けども山吹の（実）みのひとつだになきぞかなしき」という歌があることを伝え、「その娘は蓑ひとつない貧しさを山吹にたとえたのではないでしょうか」と言いました。

それを聞いた道灌は己の不明を恥じ、この日を境に歌道に精進するようになったということです。物語の舞台になった山吹の里は越生町《おごせまち》で、現在三千本の山吹が植えられています。

季の植物

葦・葦牙《あしかび》

この時季になると、水辺の葦の若芽が出てきます。若芽は水面に出た牙のように見えるため葦牙と呼ばれます。葦牙は食用になり、茎はかたく、すだれの材料になります。イネ科の多年草で根茎が地中を這い、沼や川の岸で2、3メートルにもなり、大群落をつくります。

　葦の別名が「よし」なのは、葦は「悪(あ)し」に通じるのを避けて、「善(よ)し」と呼ぶようになったとか。葦の茎の中が空洞のため、「よしのずいから天井のぞく」ということばも生まれました。

季の果実

苺《いちご》

苺は春から初夏にかけて実を結ぶバラ科の多年草、または小低木の総称です。木苺、山苺、野苺、蛇苺などがありますが、現在食用に栽培されている苺は草苺であるオランダ苺がほとんどです。品種は「ダイナー」、「豊の香」、「宝交早生」、「福羽」などでこれらはいわゆるストロベリー。バラ科キイチゴ属のうち落葉低木の総称が木苺。種類はモミジ苺、カジ苺、草苺などでこちらは、いわゆるラズベリー類です。

　現在はオランダ苺＝苺になっていますが、江戸時代末期にオランダ苺が入ってくる前は、苺といえば木苺を指していたようです。

　苺は、生食のほか、ケーキやタルトなど洋菓子の材料、ジャム、ジュース、乾燥させてチョコレートの材料にも。ほかにキャンディー、シロップなどイチゴ味の香料、着色料が膨大に出回るほどの人気果実です。

十七候　穀雨　次候

霜止出苗《しもやんでなえいず》

【新暦】２０１４年4月25日～29日

【候の意味】霜が終わり稲の苗が生長する

季の句

蓬《よもぎ》萌《も》え
おほばこの葉も
遅速なく

汀女

季のお菓子

草餅

独特の匂いを持つ蓬《よもぎ》は夏から淡褐色の小花をたくさんつけます。この時季、蓬の若葉を摘んで餅にまぜてつくるのが蓬餅で、いわゆる草餅に用いられることから、別名「餅草」とも。

草餅はゆでた蓬の葉などをまぜてついた餅で、中に餡《あん》を入れた大福状のものもあります。もとは、旧暦三月三日の桃の節句のお祝いに作って食べたものです。

この蓬の葉は止血などに使い、漢方では艾葉《がいよう》と呼ばれています。蓬の葉の裏にある毛は、臼でついて綿状にした艾《もぐさ》に使われます。艾はお灸をすえるときに燃やす材料です。

「蓬の門《かど》」ということばは蓬が生い茂って荒れ果てた門のことで、家がすたれてしまった様子をいい、または蓬で葺《ふ》いた粗末な家のことです。そこから「蓬が杣《そま》」といって、自分の家をへりくだって言う場合に使います。「蓬の跡」ということばは、お灸をすえてついた跡のことです。

季の祭

春祭り

旧暦三月から五月にかけて行われる祭りの総称です。各地で旧暦の夏の訪れを告げる祭りが開催されます。農事始めの季節のため、田植えが無事にすんで、一年の豊作を祈願します。

造花を付けて街を巡る神輿や、紙の花を付けて踊る花笠踊りなど、彩りも鮮やか。普通は担ぎ上げるものが多いですが、台車に載せて引くこともあります。そのほかにも山車《だし》や屋台とともに随行することも。秋祭りに次いで全国で行われることの多いお祭りです。

季の知恵

蓬《よもぎ》とニワトコの湯

草餅のところでも述べましたが、蓬は漢方では止血に使われます。

ニワトコは接骨木、庭常とも書くスイカズラ科の落葉低木。晩春に円錐状の白い小花を咲かせ、赤い実をつけます。幹や枝は消炎、利尿作用が、花は発汗を促す作用があります。薬草でもある蓬の葉とニワトコの葉をお湯に浮かべて入るお風呂は、肩こりや腰の痛み、打ち身に効果があり、心地よい香りも楽しめます。葉は細かく刻んで布袋に入れて湯船に浮かべます。

季の祭

山王祭（春の高山祭）

四月の十四、十五日に行われる、旧高山城下町の氏神である日枝神社の例祭です。

飛騨地方は森の木を細工する職人が多く、古くから「飛騨の匠」と称賛されてきました。その匠たちの技の粋を集めた屋台が町を練り歩く祭りです。祭りに出る屋台は十二台。そのうちの三台が綱を手繰《たぐ》って人形を操るからくり奉納を行い、見物人を沸かせます。

なかでも一度は見ておきたいのが、十四日の夜祭です。屋台それぞれに百張りの提灯が灯され、祭ばやしとともに街をゆっくりと巡るもの。昼とは違う幻想的な雰囲気を感じることができます。日本三大美祭のひとつとされていて、祭りの屋台が国指定の重要文化財になっています。

十八候　穀雨　末候

牡丹華《ぼたんはなさく》

【新暦】２０１４年４月30日〜５月４日

【候の意味】牡丹の花が咲く

季の句

牡丹散りて
うちかさなりぬ二三片

蕪村

季の行事

鯉のぼり

五月五日が近づくと、街中に鯉のぼりが泳いでいる姿が見られるようになります。鯉のぼりは鯉が産卵のために流れに逆らって川を上る力強い姿を摸したものです。端午の節句である五月五日に男児の健康と出世を願って飾られます。

多くの場合は円筒形に縫《ぬ》った布に鯉の絵を描き、高い縦棒や綱に口先を結びつけて、風にたなびかせて吹き流します。『こいのぼり』の歌は近藤宮子さんの作詞によるもので、昭和六年刊行の『エホンショウカ　ハルノマキ』に初掲載されたもの。近藤宮子さんはこのほかにも『チューリップ』や『オウマ』などの唱歌を作詞しています。

ひと昔前までは各家庭に鯉のぼりのためのポールがあり、鯉のぼりを立てる風景が見られましたが、土地の狭い現在の都心部ではほとんど見られなくなってしまいました。群馬県の館林市では毎年三月から五月にかけて鯉のぼりまつりが開かれ、市内の四カ所で五千匹以上の鯉のぼりが春の空を泳ぎます。この祭りで揚げられた鯉のぼりの数は平成十七年にギネスブックの記録として認定されています。

季の行事

八十八夜　一番茶

そろそろ気候が安定し始めるのが立春から数えて八十八日目の日。昔から農作業を始める日の目安とされてきました。そして「夏も近づく八十八夜…」と歌にも歌われているように、本格的に茶摘みが始まる日です。

お茶は年に何度も収穫されますが、年の最初に摘まれた一番茶は味も香りも格別で、八十八夜のお茶は不老長寿の

縁起物とされてきました。

冬の間に蓄えられたうまみ成分であるアミノ酸のテアニンが最も多く含まれているのも一番茶です。おいしさはもちろん、テアニンには心身をリラックスさせる効果があります。

一番茶をよりおいしくいただくためには、100ccのお湯に煎茶大さじ一杯を目安に急須に入れ、一煎目は茶葉が開き始めたら湯呑みにゆっくり注ぎます。

二煎目は同じ分量のお湯を入れ、今度は10から20秒くらい待ち、さっと注ぐのがコツです。

季の花

牡丹

旧暦三月、穀雨の末候は牡丹の候です。この時季、白、紅、紫、黄色などの大型の花を咲かせます。花の王である「花王」と呼ばれる牡丹は昔から人気の園芸品種で、花びらは五枚から八枚ですが、重弁や二段咲きなどさまざまに品種改良されたものがあります。二十日草、深見草、名取草などの異名もあります。牡丹はほかにも紋所に使われ、その種類がとても多い人気花です。「梅に鶯」といいますが、牡丹には唐獅子《からしじ》がコンビ。そういえば、高倉健の任侠映画『昭和残狭伝』シリーズの主題歌は『唐獅子牡丹』でしたね。

花の王は牡丹、では「花の宰相」と呼ばれるのは？　答えは芍薬《しゃくやく》です。「立てば芍薬、座れば牡丹、歩く姿は百合《ゆり》の花」は美人の姿をほめたたえたことばですが、なんとも贅沢な形容ですね。

手紙に使える春の挨拶

【二月】

- 余寒お見舞い申し上げます。
- 三寒四温の時節
- 立春とは名のみの寒さがつづいておりますが
- 寒さの中にも春の兆しが感じられるころとなり
- 日差しもほんの少しずつあたたかく
- ようやく日足も延びてきたようで
- そこはかとなく春の気配が感じられるようになってまいりました。
- 梅便りが聞こえる今日このごろ

【三月】

- 寒さもやっと少しはゆるんできたようで
- 春まだ浅い今日このごろでございますが
- 春というのに寒い毎日がつづきます。

●暑さ寒さも彼岸までと申しますが
●ひと雨ごとにあたたかくなり、春ももうすぐ
●春霞のただよう季節となりました。
●桃の節句も過ぎ、寒さもゆるんでまいりました。
●桜のつぼみもふくらみはじめ

【四月】

●春爛漫の季節を迎えました。
●春たけなわの季節となりました。
●春眠暁を覚えずと申しますが
●お花見のニュースに心浮き立つこのごろ
●春風に誘われて、外出の機会も多くなりました。
●花吹雪が舞うこのごろ
●今日はあたたかな春雨が煙っています。
●朧月夜の美しいこのごろ

※右記の挨拶は新暦（現在の暦）に対応しています。手紙を書くときに、ご活用ください。

夏

朱《しゅ》夏《か》

赤は夏の色。

ここでいう夏とは、旧暦四月、五月、六月の三カ月のことです。新暦では、五月五日から八月六日までです。「夏ほととぎす」と詠んだ道元ですが、ほとときすのひときわ大きく響き渡る鳴き声は、多くの人を魅了してきました。

「鳴かぬなら殺してしまえ時鳥《ほととぎす》」と詠んだ信長。
「鳴かぬなら鳴かしてみしょう時鳥《ほととぎす》」と詠んだ秀吉。
「鳴かぬなら鳴くまで待とう杜鵑《ほととぎす》」と詠んだ家康。

三人三様の性格をいい表すのに引き合いに出される有名な句ですが、お題がほととぎすであり、その鳴き声を聞きたいという気持ちが根底にあるところが面白くもありかわいい感じもします。

夏は、田植えのシーズンでもあり、種まきのころ。麦の収穫もあります。忙しい季節のなかの夏祭りの数々。木々萌える朱夏の始まりです。

鷹
四十雀《しじゅうから》
ホオジロ
ほととぎす

古《いにしえ》に　恋ふらむ鳥は　霍公鳥《ほととぎす》
けだしや鳴きし
わが念《おも》へる如《ごと》

額田王《ぬかたのおおきみ》

万葉集（巻二・一一二）

夏 七節気

立夏《りっか》

【新暦】2014年5月5日～20日
四月節

しだいに夏めいてくるころ。暦の上で夏が始まる日。陰暦四月が初夏に当たります。

季のことば

木の葉採り月

この時季、蚕に桑の葉を食べさせるため、桑の葉を集めることから来たことば。陰暦四月の異名のひとつです。この時季の端午の節句に食べるお菓子に柏餅があります。平たく丸めた上新粉の餅の間に餡をはさんで、柏の葉で包んだもの。餡はこし餡、つぶ餡、味噌餡がポピュラーです。柏の木は新芽が育ってこないと古い葉が落ちないことから、子孫が絶えない縁起のいい植物とされています。

季の行事

菖蒲湯

五月五日、端午の節句の日に行われる年中行事のひとつで、菖蒲の葉や根を浮かべたお風呂のことです。今もこの風習は続いていて、銭湯や温泉などでは全国的に菖蒲湯を行っています。夏を迎えるにあたり、菖蒲湯に浸かることで暑い夏をしっかりと過ごすことができると信じられてきました。

菖蒲はすがすがしい香りを放つため、古来から病気に効く薬草として親しまれてきました。そのため菖蒲湯の歴史は非常に古く、中国では六世紀の文献にすでに記載されています。

それが日本に伝わり、江戸時代になると庶民にも菖蒲湯の慣習が広まりました。当時は風呂がある家は少なかったので、庶民は銭湯に行って菖蒲湯に浸かったそうです。

江戸時代の俳諧師・宝井其角はこのような俳句を詠んでいます。「銭湯を沼になしたる菖蒲かな」

季の祭

博多どんたく

ゴールデンウイークの五月三日と四日に開催される、日本で最大級の動員数を誇るお祭りです。正式名称は「博多どんたく港まつり」。今から約四百年ほど前、博多の町人が、小早川秀秋の居城に松囃《ばや》子《し》で年賀のお祝いに行ったそうです。領主への年賀のお祝いの習わしが続き、やがて「どんたく」と呼ばれるようになりました。どんたくの由来はオランダ語で「休日」や「祝日」を表すZondagといわれています。現在のように五月開催になったのは戦後からです。

祭りは「どんたく隊」と呼ばれるグループが演舞を披露します。学校や企業をはじめとする各種団体や他都市の有志などにより構成されます。

松囃子を先頭にしたパレードが見どころです。また飛び入り参加ができる、フィナーレの「総踊り」にはぜひ参加したいですね。

出場団体六五〇、出場者三万三千人、見物客は二百万人を超す日本のゴールデンウイークを代表する巨大な祭りになっています。

十九候　立夏　初候

蛙始鳴《かえるはじめてなく》

【新暦】２０１４年５月５日～10日

【候の意味】かえるが鳴き始める

季の句

痩蛙まけるな一茶
是《これ》にあり

一茶

季の行事

端午の節句

男の子の健やかな成長を祈願する日です。別名「菖蒲の節句」ともいわれ、強烈な香気を持つ菖蒲で、災厄を祓う日でもあります。菖蒲湯に入る地域もあるので、銭湯でこの菖蒲湯に入ったことのある人もいるでしょう。この端午の節句の風習は、奈良時代から続く歴史あるものです。

五月五日が端午の節句になったのは、中国の政治家であり詩人だった屈原の命日が五月五日だったためです。楚王の側近だった屈原が、陰謀に巻き込まれて、川に身を投げて死んでしまいます。彼を慕う人たちが魚を太鼓で脅し、ちまきを投げて死体を食べられないように守ったそうです。そのため、ちまきが端午の節句に食されるようになりました。

日本に伝来した当初は、厄払いの菖蒲の節句の色合いが強かったのですが、鎌倉時代になり、武家社会になるにつれ、現在に見られる男の子の成長を願う日へと変化していきます。

江戸時代以降は男の子の節句とされ、鯉のぼりを設置して鎧兜を着けた武者人形を飾り、成長と立身出世を願いました。

季の生き物

かえる

多くの和歌にも登場し、『鳥獣戯画』などに愛くるしい姿が擬人化されて描かれてきたかえる。かえるは日本で最も目にする機会が多い両生類で、日本だけでも四十三種類のかえるがいます。

かえるの幼生・おたまじゃくしは、大きい頭に細長い尻尾をもち、沼や川などの水中で魚のように泳いで過ごします。成長すると尻尾が短くなり、代わりに後脚、前脚の順で足が生えてきます。成体になると水の中から出て、主に水辺で生活します。かえるは産卵期を迎える

と、「げこげこ」と特徴のある声を鳴らします。特に雨がよく降る時季に鳴く様子は、梅雨の風物詩のひとつになっています。

かえるにはアマガエルのように体長が数センチのものから、20センチ近くに成長する食用のウシガエルまでいます。傷軟膏に使われるガマの油は、かえるを生薬とした蟾酥《せんそ》がもととされています。「鏡を前にしたヒキガエルがかいた脂汗を使った」とされているのはあくまでガマの油売りの売り口上で、実際にはさまざまな材料が使われていたようです。

季の花

藤の花

日本の固有種で、本州から四国、九州にかけて分布している花です。紫色の小ぶりの花が房状で1メートル近くにもなり、艶やか、かつ上品で、古代より愛好者の多い花です。四月下旬から五月上旬にかけて見ごろとなり、各地で藤まつりが開催されます。

埼玉県春日部市の牛島藤花園には特別天然記念保存木の「牛島の藤」があります。樹齢一二〇〇年を超す老木で、弘法大師の手植えの藤と言い伝えられています。花房は長いもので2メートルあまり、藤棚の面積は700平方メートルで、満開の時季には見物客で賑わいます。

『万葉集』、『金槐和歌集』など古くから和歌で親しまれ、近代では松尾芭蕉、明治期には正岡子規が藤をモチーフにした俳句を詠んでいます。

二十候　立夏　次候

蚯蚓出《みみずいずる》

【新暦】２０１４年5月11日～15日

【候の意味】みみずが地上に這い出る

季のうた

手に摘みて
いつしかも見む紫の
根に通ひける
野辺の若草

源氏物語（若紫）

季の生き物

みみず

みみずは日本の夏の訪れを告げ、畑の土を豊かにする上でも欠かせない生き物です。名前の由来は手足もなく目もないその姿の「見えず」から派生したとされています。みみずは一生土の中で過ごします。細い体で土の中を這いまわり、土の中に含まれる微生物を食べます。みみずが排出する粒状の糞が植物が育ちやすい土質につくりかえるのです。また、みみずは、漢方では解熱や気管支を広げることで咳をやわらげる効能があるとされています。

季の行事

長良川の鵜飼

毎年五月十一日に開催される、早田太鼓《そうでん》や打ち上げ花火などで鵜飼シーズンの開幕を祝うお祭りです。岐阜県・長良川の鵜飼は夏の風物詩として、千三百年以上の歴史があり、熟練の鵜匠が十から十二羽の鵜を手繰って鮎を捕ります。

なお、長良川の鵜飼は皇室の『御料鵜飼』としても知られており、御料場が三カ所あります。ここでは年間八回の鵜飼が行われ、捕れた鮎は皇居へと献上されます。また明治神宮や伊勢神宮などにも奉納されます。鵜匠たちは、宮内庁職員の身分を持っていて、職名を宮内庁式部職鵜匠といいます。長良川の鵜匠は世襲制で、鵜とともに暮らしています。

観光客のための納涼鵜飼日も夏休みの期間の土曜日を中心に設定されます。夏の夜を彩る鵜飼を一度は見てみたいものですね。

ちなみに鵜飼のシーズンは、十月の十五日まで続きます。

俳句の大家、松尾芭蕉は

「おもしろうて　やがてかなしき　鵜舟かな」と、夏の夜の鵜飼のことを詠んでいます。そして、伝説のコメディアン、チャップリンは鵜飼を見るために二回も長良川を訪れ、鵜飼を堪能。そのとき鵜匠たちを称賛することばを惜しまなかったそうです。

季の食材

ソラマメ

マメ科の一年草で三月から四月にかけて薄い紫色の小さな花を咲かせます。旬の季節は五月から六月にかけて。空に向かって実がなるので、「空豆」と書きます。

タンパク質やビタミンB、鉄分などを豊富に含んでいますので、疲労回復や美肌に非常に効果があるといわれています。また高血圧にもいいとされていて、万能薬といってもいいくらい効果のある豆です。

エジプトでは四千年前の遺跡から、中東では新石器時代の遺跡からも出土しているなど、人々の食を支えてきた豆です。世界中で愛されてきた豆ですので、各地で郷土料理として食用されています。なかでも有名なのはエジプト、アレキサンドリアの郷土料理のターメイヤ。塩で茹でたソラマメをペースト状にして揚げたコロッケです。手軽に食べられるので、ファストフード的に親しまれています。

二十一候　立夏　末候

竹笋生《たけのこしょうず》

【新暦】２０１４年5月16日～20日

【候の意味】筍が生えてくる

季の句

月ななめ筍竹にならんとす

漱石

季の植物

筍《たけのこ》

筍は広い意味ではイネ科の竹の若芽のことを指します。漢字で書くときは「筍」、または「竹の子」とすることもあります。地表に出てきたときは日に数センチずつしか成長していなかったものが、急に成長の速度を早めて、十日目くらいには数十センチから1メートルに達することもある、非常に成長の速い植物です。

また「雨後の筍」ということばがあります。この季節には雨が降ると、次々に筍が生えてきます。転じていっせいに似たようなことが続いたり、物事が現れたりする様子を表すようになったことばです。筍の生態の一部が垣間見えますね。

そしてこの筍、料理にも大活躍します。『古事記』にも登場することから、日本では古来から食べられていたことがわかります。食物繊維が多く含まれており、ヘルシーかつ食べ応えがある食材として人気。新鮮な筍は生食や焼き物でもおいしい食材です。ただしうまさを最大限に味わうためには、切ってから一時間以内が目安といわれています。というのも、切った直後からえぐみが増加するからです。それを避けるために、できるだけ早く調理を行うのがコツです。旬には煮物や炊き込みご飯でもいただきたいですね。

季の祭

神田祭

江戸三大祭りのひとつにして、日本三大祭りのひとつ。東京の神田明神で毎年五月の中旬に行われる祭り。もともと徳川家康が神田大明神に戦勝祈祷した際、旧暦九月十五日の神田祭りの日に戦いに勝ち、天下統一を果たしたことから、社殿や神輿、祭

器などが贈られ、家康の崇敬を受けることになりました。以後、家康縁起の祭りとして大いに賑わったようです。大祭が行われるようになったのは江戸時代末期からで、「山車《だし》神田」と呼ばれたように山車が名物でしたが、火事などで失われたこともあり、現在は神輿が主流。

五月十五日に近い土曜の朝八時から神幸祭が行われ、平安装束を身にまとった人々や巫女などが一ノ宮、二ノ宮、三ノ宮と行進し、そのあと神輿、武者行列が加わり祭りとなります。翌日の日曜日は神輿宮入りといって、地元の各地区から神輿が神田明神に練り込みます。五月十五日には例大祭が粛々と行われ、巫女による浦安の舞も見られます。

季の祭

葵祭

京都三大祭りのひとつとして五月十五日に行われる雅《みやび》やかな祭りです。平安貴族の趣をそのままに、総勢五百名で京都御所を出発。三十六頭の馬を従え、牛四頭、牛車二台、輿一台とともにまずは下鴨神社へ。そのあと、上賀茂神社へと向かいます。

神社では、天皇の使いである勅使が祭文を奏上し、「東遊」という舞が奉納されます。この葵祭の一連の様子は「まるで平安絵巻を見るよう」と称されています。古くは「賀茂祭」と呼ばれていましたが、行列をつくる人々から牛車、御簾《みす》をはじめすべてを葵の葉で飾っていることから、しだいに「葵祭」と呼ばれるようになりました。平安期の貴族の間では、祭りといえばこの葵祭を指していました。

八節気 夏

小満《しょうまん》

【新暦】
2014年
5月21日～6月5日
四月中
卯月《うづき》

命が満ちてくるころのためつけられた節気名。爽やかな五月晴れもあれば ぐずつく五月晴れも。どちらも命を育む大切な贈り物です。

季のことば

走り梅雨《づゆ》

梅雨に入る前のぐずついた天気のこと。梅雨が明けたあとのぐずついた天気を「残り梅雨」、梅雨が明けたあと再び梅雨のような天気に戻ってしまうことを「戻り梅雨」、「返り梅雨」とも。走り梅雨が見られると、春は終わりです。こうした雨期は世界中で見られますが、日本の梅雨の場合、雨脚がそれほど強くなく、長期間続くのが特徴。北海道や小笠原諸島以外の日本全国で見られる風物詩です。

季の鳥

ほととぎす

不如帰、時鳥、杜鵑、どれもほととぎすと読みます。夏の鳥として知られるほととぎすには別名が多いのですが、またの名を「卯月《うげつ》鳥」とも。まさにこの時季を代表する鳥です。『方丈記』にも登場し、「夏ほととぎす」と道元が詠んだように、ほととぎすは古来から多くの歌に詠まれてきました。その魅力は、何といってもあの独特の鳴き声。「キョッキョキョキョ」という大きな鳴き声が「ホ、ト、ト、ギス」と聞こえたからというのが名前の由来という説もありますが、「東京特許許可局」、「テッペンカケタカ」と表する人もいますね。

ほととぎすはカッコウの仲間ですから、鶯《うぐいす》の巣などに托卵します。自分の子を他人に育てさせるその習性も面白いとされたのでしょう。「あの声で蜥蜴《とかげ》食らうか時鳥」と詠んだのは其角。実は、美しい声と姿からは想像できないほどの肉食ぶりです。

季の魚

夏の魚

夏になって水温が上がるとともに、沿岸の磯には海藻が育ち、生き生きとした光景が海の中に広がっていきます。海の中を覗くと、黒の横筋が刻まれた鮮やかなイサキが藻を食べている姿を見ることができます。イサキは30センチほどに成長すると鮮やかな縞模様が薄れてきます。10センチ程度の若魚はイノシシの子供にたとえて「瓜坊《うりぼう》」とも呼ばれ、刺身にすると大変おいしく食べられます。また磯を離れた砂地には、キスが数匹で群れをなしながらゴカイなどを探して食べています。

キスは投げ釣りが人気。砂浜で長い釣り竿を大きく沖合に向かって振る様子が見られるのは夏の風物詩です。キスは白身を天ぷらにしたものが人気で、やわらかく淡白な白身にカリッとした衣が大変よく合います。

夏が旬の魚介といえば車海老もそのひとつです。大きな干潟を持つ有明海や伊勢湾で、特に夏場に多く漁獲されます。最近は輸入ものも増えましたが、鮮度の問題があり、養殖車海老の価値が下がらないことから、国内産の車海老は重宝されています。

二十二候　小満　初候

蚕起食桑《かいこおきてくわをくう》

【新暦】2014年5月21日〜25日
【候の意味】蚕が桑を盛んに食べ始める

季のうた

から衣
きつつなれにし
つましあれば
はるばる来ぬる
たびをしぞ思ふ

在原　業平

季の虫

蚕《かいこ》

蚕はカイコガというガの幼虫ですが、「お蚕様」と呼ばれるほど、農家にとっては貴重な現金収入源でした。蚕はミツバチと並んで飼育される珍しい昆虫です。そのため、数え方も牛や馬と同じ一頭二頭と数えていたそうです。飼育の目的はもちろん天然繊維の絹糸の採取。蚕の作った繭から取れた高級繊維である絹糸は高級着物の材料になるだけでなく、貴重な輸出品目として、日本経済を支えていました。ただし、女工哀史と呼ばれたように、絹糸の製糸工場の女工たちに過酷な労働を強いることになりました。日本の絹糸は丈夫で、上質であり、卵や蚕も寒さに強かったため、ヨーロッパから遠路はるばるやってきて、卵を高価で買い求める商人もいたようです。

　取れた絹糸では楕円形の繭から取れる正絹が最上級で、続いて丸繭、最後がくず繭とランク付けされます。最上級の絹糸から作られるのがお召しや紋付き訪問着、丸繭から作られるのが紬《つむぎ》などでした。どちらにしても高級品で、庶民は綿の着物を着ていました。しかし戦後になって安く強く肌触りのよい化学繊維が登場すると、養蚕《ようさん》業は衰退してしまいます。今では一部の着物愛好家と、高級洋服の生地で使われる伝統工芸の範囲にとどまっています。

　また、蚕が作る繭の中から取れた蛹《さなぎ》は貴重なタンパク源として、佃煮にされていました。今でも地方によっては蚕の蛹の佃煮が売られています。

季の花

卯の花

旧暦四月は別名、卯月です。十二支の四番目がウサギで卯と書くことから、四番目の月を卯月と呼ぶ説もあるようです。卯の花が咲く月だから卯月とも。卯の花はユキノシタ科ウツギ属。空木《うつぎ》の別名で、白くてかわいい花を咲かせます。

　おからを卯の花と呼んだり、

「卯の花くたし」という表現もあります。くたしというのは腐らせる、だめにするという意味。卯の花さえも腐らせてしまうほどの長雨がこの時季に降るということです。現在は小さな白花で匂いの強いコツクバネウツギが都会の住宅や公園の生垣《いけがき》でよく見られます。

季の祭

三社祭《さんじゃまつり》

東京浅草の浅草神社で行われる浅草神社例大祭が正式名。明治になるまでは浅草寺と一体だったため、浅草寺のお祭りとして発達してきましたが、明治以降は浅草神社単独のお祭りになりました。毎年五月の第三金、土、日の三日間、初日は浅草芸者衆や白鷺《しらさぎ》の舞などが登場し、二日目は有志の各町内会の氏子各町神輿渡御《どぎょ》がにぎやかに行われます。三日目は宮出しと本社神輿渡御の構成です。

季の花

かきつばた

「いずれがあやめかかきつばた」。見分けがつけがたい似ている女性ふたりの美しさを言い表すたとえに使われるかきつばたですが、あやめもかきつばたもどちらもアヤメ科アヤメ属です。かきつばたは、花菖蒲《しょうぶ》（昔のあやめ）と並ぶ五月の花です。紫色の花とすらりとした姿が小粋な女性を連想させたのでしょう。

二十三候　小満　次候

紅花栄《べにばなさかう》

【新暦】2014年5月26日～30日

【候の意味】紅花が盛んに咲く

季のうた

なつかしき色をもなしに
何にこの
末摘花《すえつむはな》を袖に触れけん

源氏物語（末摘花）

季の花

紅花《べにばな》

染色の材料や食用油として利用される紅花ですが、別名は末摘花《すえつむはな》。上の『源氏物語』の和歌にも詠まれた末摘花にたとえられた女性も紅花だといわれれば、なるほどと思われるファンの方もいらっしゃるでしょう。

キク科ベニバナ属の一年草、ま

たは越年草で、日本には四世紀から六世紀の間に伝来したようです。中国の呉《ご》を経て伝来した藍（染料）という意味から「呉《くれ》の藍」、転じて紅花となったようです。紅花の花は黄色ですが、何度も水にさらして乾燥を繰り返すうちに紅色になります。山形の県花であり、千葉県長南町の町花ということから推測されるように、かつては、どちらも紅花の生産地でした。ほかには埼玉県の桶川市周辺で盛んに栽培されていましたが、化学合成による同種の染色が可能になったことから衰退しました。種を搾って取れる紅花油はサフラワー油として食用油やマーガリンの原料になっています。

季の暮らし

衣替え

さあ、もうすぐ衣替えの季節です。洋服だけでなく、カーテンやスリッパ、布団に毛布に座布団カバーも衣替え。食器もガラス器を取り出して、と夏準備ですね。

今では六月一日が学校や会社の衣替えの日ですから、この日に合わせて準備しますが、旧暦ではもう夏です。着物を単衣《ひとえぎぬ》にし、綿の着物や麻の着物で涼しさもアップ。浴衣も子供の成長に合わせて縫い直しをします。着物の柄《がら》は、季節をほんの少し先取りするのが昔の日本人のおしゃれ。六月半ばならトンボ、七月に入ったら朝顔というように。

そしてお茶をなさる方なら、床の間のある部屋の炉を切った畳から、普通の畳に替えて、風炉の準備。すだれやうちわ、風鈴に蚊帳に蚊取り線香。これが日本の夏の準備です。

季の食事

麦飯

今では麦飯は健康食としてそこそこ定着していますが、古くは祝祭のときに麦に米以外の穀物や野菜と一緒に炊いて食べたといいます。お米が貴重で神聖なものだったからでしょう。その後も刑務所のまずいご飯の代表として定着したせいか、どうしても米の代用品としてのイメージが強いですね。早く作れるがまずい。粉にひいてパンを作り、おいしく感じるようになるまでには、ずいぶん時間がかかりました。

季の花

水芭蕉

『夏の思い出』の歌で親しみのある水芭蕉の群生は、歌のおかげで尾瀬が有名ですが、ほかにも兵庫県養父市の加保坂峠、北海道南部の大沼国定公園、駒ケ岳の湿地など中部以北の日本で見られるサトイモ科ミズバショウ属の多年草。大きな白い花に見えるのは実は葉が変形したもので、中央の花芯に見える黄色い突起物のようなものが実は小さな花が集まったもの。湿原に群生する水芭蕉はそれは見事で見惚《ほ》れてしまいますね。名前からすると、松尾芭蕉が名句でも詠んだのかと思われますが、イトバショウの葉に似ているからとか。

二十四候　小満　末候

麦秋至《ばくしゅういたる》

【新暦】２０１４年５月31日～６月５日
【候の意味】麦が熟し麦秋となる

季のうた

松浦川《まづらがは》　川の瀬早み
紅の　裳《も》の裾濡れて
鮎か釣るらむ
作者不詳　万葉集（巻五・八六一）

松浦川の川の瀬が早いので、少女たちは紅の裳裾《もすそ》を濡らして鮎を釣っているのだろうか。

季の魚　鮎

五月になると釣り人が待ちかねているのが鮎の解禁日。縄張り意識の強い鮎は近くにほかの鮎がやってくると、体当たりして縄張りを守ります。この習性を利用した釣りが友釣《ともづ》りです。砂や石の多い透き通った渓流での鮎釣りの風景は、まさに夏の風物詩。ハイキングを兼ねた家族連れから名人までが腕を競います。川を遡上しているのは若鮎で、体長10センチから15センチくらいの、緑に黄色がかった、見た目にも美しい魚です。

　釣った鮎は串に刺しての塩焼きが高級料亭でも定番。蓼《たで》酢や蓼味噌をつけていただきます。また若鮎の天ぷらのにがうまさは絶品。骨もはらわたも頭も食べられるのは若鮎ならでは。鮎の腸を塩辛にした『ウルカ』は珍味として人気です。

　ほかにも鮎寿司はJR京都駅の名物駅弁。鮎の炊き込み御飯も絶品です。川魚としては鰻に次いでの人気魚で養殖も盛んに行われています。一般に鮎は川で産卵し、若鮎になると河口付近の塩分の少ない泥のない場所で過ごし、遡上します。産卵して多くが死んでしまう一年魚のため、「年魚」の名が使われていました。

　成長して黒っぽくなった鮎が産卵のために再び川を下るのを「落ち鮎」と呼びます。かつて、「落ちる」は「あゆる」といったため、そこから鮎の名がついたともいわれます。同じ鮎でも琵琶湖の鮎は海に行かず琵琶湖の中だけで過ごすものもいて、やや小ぶり。琵琶湖名物、鮎の佃煮が有名です。

季のことば

麦秋

　麦秋って、まだ五月(旧暦)なのに秋? 実は秋の意味は、麦が実り収穫(秋)を迎えるところから麦秋と呼ばれたのです。二毛作の農家では、短い秋を過ごしてもうひと仕事です。雨の少ない季節ですが、もうすぐそこに梅雨が迫っています。

小津安二郎監督の名作映画にも「麦秋」のタイトルがあります。年ごろの娘を持った家族が縁談を心配していたら、立て続けに結婚話が舞い込んできます。生育の早い麦は手間いらずの孝行娘のようなもの。まさに実りを迎えた娘の複雑な思いを原節子が演じていました。

季の魚

鱒《ます》

種類が多く、河川や湖沼で獲れる魚の中では鮭とともに大きく美味。でも区分が大雑把で、岩魚やイトウといった大きめの川魚はとりあえず鱒っていってません?と、いいたくなるくらい。サケ目サケ科で鮭と見分けがつきにくいとされていますが、比較的見分けがつきやすいのが小さいほうのニジマス。

大きいほうの日本代表はカラフトマスで、筋子やイクラの材料になる卵を持っています。川を遡上する九月が旬ですが、春の旬はサクラマス。こちらも別名はヤマメだったりしますからややこしい。純粋?なヤマメは海に出ない陸封タイプだそうです。

小型なものは姿形を生かした塩焼き、大型種はムニエルやから揚げもおいしい。

サクラマスを「本鱒」と呼んでわざわざ本をつけているくらい気合が入っているのは、まずスーパーなどには出回らない料亭御用達の高級魚だから。三月から五月が旬で、絶品だそう。一度は食べてみたいですね。

夏
九節気

芒種《ぼうしゅ》

【新暦】
2014年
6月6日～20日
五月節

稲など芒（のぎ＝穂）のある穀物の種まきのころ。播種《はしゅ》、種おろしとも。また、陰暦五月が仲夏です。

季のことば

五月晴れ・五月雨・五風十雨

梅雨は陰暦五月に降り続く長雨のこと。五月雨は、五月《さつき》の水垂れから、「さみだれ」と呼ぶという説も。梅雨の合間に見えるすがすがしい晴天が五月晴れ。五風十雨は五日に一度風が吹き、十日に一度雨が降る天気のことで、順調で、農作に都合のいい気候を表しています。転じて、世の中が安泰であることにも使われます。

季の花

紫陽花《あじさい》

六月から七月にかけて花を咲かせるアジサイ科の植物です。花がさまざまな色になることから、「八仙花」や「七変化」とも。

語源はさまざまあり、『万葉集』には「味狭藍」といった記述があります。

紫陽花という漢字が当てられるようになったのは平安時代からといわれていて、中国・唐の詩人である白居易が別の花につけたこの漢字を日本の学者が勘違いして当ててしまい、それが広まってしまったからだそうです。

紫陽花は和歌における夏の季語で、『万葉集』には二首ほど歌われています。気温が上がってくる時季、夏の訪れの準備をする時季に咲くことから、叙情的な雰囲気を持つ花ですので現代でも石原裕次郎、浜田省吾、原由子などが紫陽花をテーマにした歌を歌っています。

季の祭

御《お》田《た》植《うえ》神事

六月十四日に、大阪の住吉大社で行われる田植えの祭りです。この時季は全国各地で豊作を祈り、田植えのお祭りが行われます。

住吉大社のお祭りは神話時代から続くといわれる由緒あるものです。古式に則《のっと》り、儀式を略することなく行われるのが特徴です。

まずは行事にかかわる人たちがお祓いを受け、行列をつくり田んぼに向かいます。奴《やっこ》、風流武者、神職、植女《うえめ》などあでやかで風流な列が続きます。大田主《おおたぬし》と呼ばれる奉耕者の長がご神水を田んぼの四方にまいて清めたあと、植女から約三十名の替植女《かえうえめ》へと早苗《さなえ》の授受が行われます。

そして彼女たちと男性奉耕者たちが早苗を田に植えていきます。この間、舞台では舞や踊りが披露され、見物客を楽しませます。

この踊りのなかには住吉踊りがあり、神功皇后が三韓征伐を終えて凱旋したときに、漁民が吉志舞《きしまい》を舞ったことが始まりとされています。現在は、約百五十人の女児たちが、「心の字」をかたどってかわいらしく踊ります。

二十五候　芒種　初候

蟷螂生《かまきりしょうず》

【新暦】2014年6月6日〜10日
【候の意味】かまきりが生まれ出る

季の句

五月雨《さみだれ》をあつめて早《はや》し最上川《もがみがわ》

芭蕉

季の虫

かまきり

かまきりの最大の特徴といえば、ほかの昆虫には絶対に見られない、鎌状に変化した巨大な前脚です。最大の武器となる前脚を使って、昆虫だけでなくかえるやトカゲといった両生類や爬虫類を捕まえて食べる捕食昆虫です。

日本には約十一種類のかまき

りが生息しています。主に私たちが見かけるのはオオカマキリで、続いてカマキリ、ハラビロカマキリ、コカマキリ、ウスバカマキリの五種類です。

オオカマキリは大きいものでは体長が10センチ程度にまで成長します。また、外敵が少ないことから、比較的住宅地に近い空き地やアスファルトの道路上、ブロック塀の上で堂々と姿を見せることがあります。

人と向かい合っても決して逃げ出さず巨大な鎌状の前脚を持ち上げて威嚇する姿は、まさに昆虫界の王様にふさわしいいでたちです。秋口になると体の大きいメスのかまきりは泡状の麩のような形をした卵鞘《らんしょう》を草木茎に産みつけます。卵鞘の中には数百個の卵が入っており、卵を外敵や気候の変化から守っています。

メスのかまきりは交尾のあとに卵を産む栄養をつけるため、オスかまきりを共食いすることが知られています。そして一カ月ほど過ぎると、卵鞘から黄色く小さなかまきりの子供たちが生まれてくるのです。

季の植物

橘

ミカン科ミカン属の常緑樹で紀伊半島や四国、九州に自生している日本の固有種です。実は酸味が強いため、そのまま食べるのには向かないのでマーマレードの原材料として使われています。常緑樹は永遠を表すものとして、古来からめでたいものとされ

松とともに人気がありました。

また橘紋は日本十大家紋に挙げられています。橘を愛した元明天皇が、葛城王《かつらぎのおおきみ》に橘姓を下賜したことから、橘に縁《ゆかり》のある氏族で橘紋が用いられたということです。

文化勲章には橘がデザインされています。当初は桜を意匠したものだったそうですが、桜が潔く散る武人の象徴となっていたのに対し、常緑樹の橘は永遠を表すので、永遠に残る文化の勲章としてふさわしいのではないか、と昭和天皇がおっしゃり変更されたということです。

季の植物

くちなし

アカネ科クチナシ属の常緑樹で日本から中国、インドシナにかけて分布しています。漢字では「山梔子」と書きます。

梅雨の時季に白い花を咲かせ、甘い香りを放ちます。花が咲いたあとにオレンジ色の果実が実ります。この果実は熟しても実が割けないため「口がない」ことからクチナシになったといわれています。

果実を干し、乾燥させたものは山梔子《さんしし》と呼ばれ、生薬のひとつとして有名です。消炎、止血、利胆や解熱に効果があるとされてきました。

また黄色の着色料としても古くから用いられていて、染め物のほかにもたくあんや和菓子を着色するのにも利用されました。花言葉は「幸せを運ぶ」、「胸に秘めた愛」など、クチナシらしいことばです。

二十六候　芒種　次候

腐草為蛍《ふそうほたるとなる》

【新暦】２０１４年６月11日～15日

【候の意味】腐った草が蒸れ蛍に生まれ変わる

季の虫

蛍

日本の夏の風物詩として古来から数々の和歌にも詠まれた蛍。日本に生息する蛍は約四十種類もいますが、腹部に発光器を持っているのはゲンジボタルとヘイケボタルをはじめとする数種類の蛍だけなのです。

ゲンジボタルの名前の由来はふたつあるとされています。ひ

季のうた

高円《たかまど》の　野辺の容花《かほばな》
面影に　見えつつ妹《いも》は
忘れかねつも

大伴家持　万葉集（巻八・一六三〇）

高円の野辺の昼顔のように、面影ばかり見え続けて、あなたを忘れることができないよ。

とつは、紫式部の『源氏物語』に登場する光源氏に由来するという説。もうひとつは、平清盛との権力争いに志半ばで敗れてしまった源頼政の魂が空に舞ったものという説です。

ゲンジボタルは、日本中で最も多く見かける蛍です。ゲンジボタルよりもひと回り体が小さい蛍がヘイケボタルです。「ヘイケ」という名前の由来は、ゲンジボタルに対するという意味でその名前がつけられたといいます。体の大きさだけでなく、光の点滅する速度がゲンジボタルより速いなどの違いがあります。蛍の一生はそのほとんどを幼虫の姿で、流れのある清流や水田といった水の中で過ごします。蛍の幼虫は、水の中にすむカワニナなどといった小型の巻貝などを捕食して成長します。

蛍は幼虫のときから発光器を持っています。その仕組みは、発光器のなかのルシフェリンという発光物質と酵素などが作用して発光するというもので、熱は出ません。最近では幼虫が餌にする貝類が自然界で減少しているため、蛍の数は少なくなってきています。

季の花 昼顔

朝顔に比べるとやや小ぶりな昼顔ですが、ピンクや白の花びらは、朝顔によく似ています。その名が示すとおり、昼顔は昼の間に咲く花です。朝に開花するのは朝顔と同じですが、そこから日が昇っても花がしぼまないのが違いといえるでしょう。

昼顔の知名度が低いのは、朝顔のように観賞用として栽培されるものが少ないからです。昼の時間帯、昼顔は野原や路傍など場所を選ばず咲いています。そして花言葉は「絆」。その名が示すように、花の根が複雑に絡み合っているのも昼顔の特徴です。そのため一度増えたら駆除するのが難しく、現在、昼顔は雑草として扱われています。

しかし昔から邪魔者扱いだったわけではなく、万葉の時代には「カオバナ」と呼ばれ、容姿端麗な女性をほうふつさせる花とされました。和歌や俳句などでも詠まれ、昼顔は「魅力ある花」のひとつだったのです。

季の生き物

かたつむり

六月の梅雨の時季に、雨の風景とともに紫陽花の葉の上を這っている姿が風物詩ともいえるかたつむり。

その名前の由来は、角のように見える目のひとつを指で触れると片方だけを体の中に隠してしまうしぐさから。「でんでんむし」や「マイマイ」などといわれ、その愛くるしい姿が大変愛嬌のある生き物です。

陸上を虫のように移動していますが、海にすむサザエと同じ巻貝の仲間です。食欲が大変旺盛で、野菜などに食害を与える害虫としても知られています。海外では食用の貝としても人気があります。エスカルゴはフランスで主に捕られている食用カタツムリのことです。エスカルゴを一度湯がいてからバター焼きにしたものが、高級料理として食べられています。

エスカルゴはブドウの葉で飼育されたものが、最もおいしいとされています。

二十七候　芒種　末候

梅子黄《うめのみきなり》

【新暦】２０１４年6月16日～20日

【候の意味】梅の実が黄ばんで熟す

季の句

日は宙にしづかなるもの
茗荷《みょうが》の子

林火

季の植物

梅の実

バラ科サクラ属の梅になる実のことです。梅は古来より親しまれてきました。花見といえば、現代では桜の花を見ることを指しますが、奈良時代より前は花見といえば梅の花を愛《め》でることだったそうです。

平安時代の半ばころから、徐々に梅の人気を凌ぐようになり、江戸時代からは「花見といえば桜」が定着したそうです。

さて梅の実に話を戻します。梅の花が咲くのは二月から四月にかけて。実が熟すのは六月のこの時季なのです。実は梅干しや梅酒、ジャムなどに利用されています。さまざまな銘柄が作られるほど人気の梅干しですが、漬物としてそのまま食べてもよし、おにぎりやお弁当にも欠かせません。強い酸味が特徴で、クエン酸が豊富に含まれていることから健康食品としても愛用されています。「塩梅《あんばい》」ということばがあります。これはもともと梅の塩漬けがうまくいったことを表していて、加減や調整がうまくいったときに使われています。

季の魚

スルメイカ

スルメイカは北海道から九州まで温帯の沿岸に生息するイカで、夏に旬を迎えることから夏イカとも呼ばれています。スルメの由来は、干したイカそのものを「スルメ」と呼ぶことからきています。スルメイカは、日本では最も多く漁獲されているイカです。

干物にすることで保存がよくきくことから、古代から朝廷への貢ぎ物として縁起の良い食べ物でもありました。煮ても焼いてもおいしく食べられ、天日で干されたものはうまみが凝縮されてさらにおいしい食べ物になります。スルメイカには、イカのワタを塩に漬け込んで発酵させた塩辛や、旬のサトイモとの煮込み、イカの身に米を入れて醤油とだし汁で炊き上げたいかめしなど、イカのうまみと甘みを生かした数々の料理があります。スルメイカのスルメは、縁起物として納品されるときは「寿留女《あたりめ》」と当て字を書きます。これは女性が嫁ぎ先に長く健康でいられるように願う意味が込められているそうです。

季の食材 みょうが

みょうがは収穫時季により「夏みょうが」や「秋みょうが」などの種類がありますが、現在は栽培法の変化で通年出回っています。そうめんや冷奴、蕎麦などの薬味として利用するなど、昔も今も夏バテ対策にはもってこいのアイテムです。

みょうがにはビタミンCやカリウム、食物繊維などが多く含まれています。また熱を冷ます、解毒作用をするなどの効果があり、夏の食卓には欠かせない存在です。かつては「食べると物忘れがひどくなる」という俗説がありましたが、これは学術的根拠のない、単なる言いがかりだったようです。

ちなみに東京都文京区には「茗荷谷《みょうがだに》」という地名がありますが、これは江戸時代、茗荷の栽培が盛んだったことに由来しています。

夏 十節気

夏至《げし》

【新暦】2014年6月21日～7月6日

五月中

皐月《さつき》

一年で最も昼が長く、夜が短い日。陰暦五月を皐月といいますが、皐月の花は今では「つつじ」と呼ぶのが一般的。

季のことば

早乙女《さおとめ》

田植えのシーズンです。老いも若きもいっせいに田植えをしていますが、なかでもひときわ華やぎを演出しているのが少女や若い女性たち。彼女たちを特別に言い表したのが「早乙女」ということば。若い男性の視線を集めて心ときめかした田植えの場は、秋の収穫のお祭りと並んで、今でいう合コンと同じだったのかも。

季の果物
夏みかん

夏に味わえる柑橘類のひとつで、レモンに似た爽やかな香りが特徴です。本来の名称は「夏橙《だいだい》」で、それが、明治時代に商人たちが売れるようにわかりやすく、ということで「夏みかん」に変更し、それが定着していったそうです。

秋の暮れには色づき始めますが、酸味がとても強く、食用には適していません。春先になると酸味が弱まりますので食べごろになり、初夏にはおいしく食べることができます。

夏みかんは直接食べるほかに、よくマーマレードの原材料として利用されます。酸味と甘みのバランスがマーマレードの材料として適しているようです。

夏みかんの名産地として知られる山口県萩市では、夏みかんの中をくり貫いて、特製のようかんを流し込んだ「夏みかんの丸漬け」などの特産品があり、人気を博しています。

季の花

夏の花

夏至の時季になると、みずみずしく力強い花が咲き始めます。夏の花や植物を代表するものとして、ひまわりが挙げられます。まるで太陽のように咲き誇り、抜けるような青空と黄色の花とのコントラストは、夏の景色のハイライトといっていいでしょう。

一方で静かに夏の夜を彩る花もあります。月見草は夕方に開花して、朝にはしぼんでしまう一夜花です。咲き始めは白い花ですが、しぼむころには薄いピンク色になります。大輪の花を咲かせるひまわりと、一夜ではかなく花を散らす月見草を、日本人は昔から愛でてきました。そしてプロ野球の野村克也氏が、長嶋茂雄氏をひまわりに、自らを月見草にたとえた有名なエピソードもあります。ほかにも旧暦の夏至の季節に咲く花としてサツキが有名です。サツキは漢字で書くと「皐月」となり、五月を指します。旧暦の五月は現在の夏至を含む時期でした。そのため皐月の季節にいっせいに咲くことからこの名前がついたそうです。

二十八候　夏至　初候

乃東枯《なつかれくさかれる》

【新暦】2014年6月21日～26日

【候の意味】夏枯草が枯れる

季のうた

夏の野の　繁みに咲ける
姫百合の　知らえぬ恋は
苦しきものそ

大伴坂上郎女《おおとものさかのうえのいらつめ》　万葉集（巻八・一五〇〇）

夏草の繁る野の底に咲いている姫百合のように、人知れず思う恋はつらいものです。

季の花

姫百合

夏の季節に鮮やかな橙色のくっきりとした六花弁を咲かせるユリ科の多年草です。原産地は日本と朝鮮半島。日本では主に西日本に自生していますが、鹿の食害によって自生の姫百合は減少を続けています。

また鮮やかな花を楽しむために、栽培・育種の対象になっています。『万葉集』では女流歌人である大伴坂上郎女《おおとものさかのうえのいらつめ》が姫百合をモチーフに恋の歌を詠んでいます。坂上郎女は『万葉集』を代表する歌人で、女性のなかでは、最も多くの歌が収録されています。

また、戦時中に若くして亡くなった沖縄の「ひめゆり学徒隊」が有名です。この名前の由来は植物の姫百合と思われていますが、実は関係はあまりありません。というのも、この学徒隊のもとになったふたつの学校の広報誌が「乙姫」、「白百合」だったため、「姫」と「百合」をとり「ひめゆり」になったのだそうです。姫百合はその名のとおり、ユリ科の植物です。ユリは海外、特にキリスト教圏では聖なる花として知られています。というのも、ユリは純潔の象徴で聖母マリアのシンボルとされているからです。六月二十七日、七月一日の誕生花で、花言葉は「誇り」「可憐な愛情」や「強いから美しい」といったもの。美しく気高く咲く姫百合にふさわしいことばです。

季の植物

冬瓜《とうがん》

冬瓜はウリ科の植物のひとつで、その歴史は古く、平安時代の食物について書かれた書の中にも登場しています。冬瓜の名前の由来は、収穫したあとも、冬まで保存がきくことからとされています。外見上の大きな特徴は80センチにもなる大きな実をつけることです。昔話に登場する「瓜《うり》子《こ》姫《ひめ》」が生まれた瓜は、冬瓜だといわれています。

冬瓜はその実のほとんどが水分でできているために、漢方では冬瓜は体を冷やし、熱を冷ます効能があるとされ、夏の暑い日には欠かせない旬の野菜のひとつ。また大きな実でありながらカロリーが大変低いため、現在ではダイエット食材としても注目されています。

　冬瓜は主に煮物やスープなど、味を染み込ませて食べる料理に多く使われています。実そのものに味はほとんどありませんが、よく煮た冬瓜の実は煮物の出汁やうまみを含み、口に入れるととろけるようにほぐれ、ほかの食材では表現できない味を楽しませてくれます。

季の祭

博多祇園山笠

　正式名称は櫛田《くしだ》神社祇園例大祭。七百年を超す伝統を誇り、毎年七月一日から十五日にかけて行われる福岡を代表するお祭りです。国の重要無形民俗文化財に指定されていて、掛け声の「おっしょい」が有名です。

　クライマックスの「追い山笠」が行われる十五日は、夜明け前から見物客で賑わいます。午前四時五十九分に合図の太鼓がなると、一番山笠から順に櫛田神社に「櫛田入り」をしていきます。そして五分おきに境内を出て、約5キロのコースを懸命に走り「廻り止め」と呼ばれるゴールを目指します。

　走りながら担ぎ手が交代するので、ひとつの山笠に数百人の男たちが群がり走り続けます。櫛田入りと、廻り止め、それぞれタイムが計測されますので、山笠同士のスピード勝負も楽しむことができます。

二十九候　夏至　次候

菖蒲華《あやめはなさく》

【新暦】２０１４年６月27日〜７月１日

【候の意味】あやめの花が咲く

季の句

片隅に菖蒲《あやめ》咲きたる
門田かな

子規

季の花

あやめ

アヤメ科の多年草です。紛らわしいですが、漢字で書くと「菖蒲《しょうぶ》」、または「文目」になります。菖蒲湯の菖蒲と間違えてしまいそうですが、この菖蒲とは別ものです。

原産地は日本をはじめとする北東アジアで、草丈は30センチから50センチに及びます。

乾燥した場所を好み、高原でよく見ることができます。山梨県の南アルプス市にある櫛形山には、アヤメ平と呼ばれるアヤメの群生地があります。その数はなんと三千万本といわれていて、シーズンには観光客で賑わいます。また、群馬県片品村にある尾瀬国立公園にもアヤメ平と呼ばれる場所がありますが、こちらはキンコウカを菖蒲と間違えたことが始まりで、菖蒲がいつの間にかアヤメに変わってこのように呼ばれたそうです。

「いずれがあやめかかきつばた」ということばを聞いたことがある人も多いと思います。このふたつの花は非常に見分けがつきにくいもの。というのも、このふたつの花はどちらもアヤメ科アヤメ属に属しているから。

花言葉は「良き便り」「愛」「私は燃えている」など、前向きな内容が多いのが特徴です。

季の魚 カンパチ

カンパチの名前の由来は、魚を正面から見ると背びれから口元にかけての黒い筋が、ちょうど漢字の八の字のように見えることからきています。

小型の魚類などを捕食する肉食性の回遊魚で、大きいものでは1メートルほどにまで成長します。

伊豆半島周辺の沿岸では、比較的沖合にある潮の流れの速い根周りを集団で回遊している姿が見られます。船釣りの愛好家にとっては、大きさや引きの強さのみならず、食べてもおいしい魚として大変人気があります。

夏に活発に捕食活動を行うため、この時季に捕れたカンパチが旬を迎えます。白身に赤身のラインが鮮やかな独特の切り身は、歯応えがありながらも脂がしっかりとのり、刺身や握り寿司にも最適で、高級魚として取引されます。

近年では天然ものの漁獲量が年々減少していることを受けて、養殖も盛んになってきています。

カンパチは環境の変化にとてもデリケートな魚であるため、健康や病気に配慮しながら手間をかけて育てられています。

季の暮らし

風鈴

夏に虫の音のような涼しげな音を奏でて暑さを和らげる風鈴。緩やかな風が吹くと、鈴の中にある舌《ぜつ》から糸につるされた短冊がたなびき音を奏でます。始まりは青銅を使った風鈴のようなものが魔除けとして寺の四隅につり下げられたのが始めのようです。その後、貴族から庶民へと広がり、魔除けから暑さを乗り切る暑気払いの役割を果たすようになったといわれます。

主な材質は鉄製のもので、岩手県の名産である南部鉄器製のものが知られています。江戸時代後期になるとガラスを使った江戸風鈴も登場します。岩手県奥州市の水沢駅では毎年六月から八月にかけて多くの風鈴をつるし、帰省する家族に涼しげな音を届けています。この光景は「日本の音風景百選」にも選ばれています。

三十候　夏至　末候

半夏生《はんげしょうず》

【新暦】2014年7月2日～6日

【候の意味】烏柄杓《からすびしゃく》が生える

季の句

いつまでも
明るき野山
半夏生

時彦

季の祭

祇園祭

京都の八坂神社の祭礼で、日本三大祭りのひとつとされる九世紀から続く夏の風物詩です。この季節にはテレビのニュースにもなりますので、ご覧になったことがある人も多いでしょう。

かつては祇園御霊会《ごりょうえ》といわれ、日本全国で疫病が流行したときに、平安京の神泉苑で六十六国にちなみ六十六本の鉾《ほこ》を立てて厄災の除去を祈願したことが始まりです。

祇園祭は七月一日から一カ月間にわたり開催されます。なかでも十四日から十六日にかけての「宵山」、十七日の「山鉾巡行」、「神輿渡御《みこしとぎょ》（神幸祭）」がハイライト。宵山では山鉾巡行を翌日に控え、組み立てられた山鉾が飾られます。夕刻以降、四条河原町から四条烏丸まで歩行者天国になり、各家でも屏風や家宝を美しく飾って展示し、祭りの華やかさに色を添えます。このため別名「屏風祭」とも。なお、十四日を宵々々山、十五日を宵々山ともいいます。

そして十七日は祇園祭のクライマックスの山鉾巡行と神輿渡御が行われます。山鉾巡行は午前九時から町衆が各町に伝わる山鉾を曳く行事で、市街中心部の四条通から河原町通を巡行します。交差点で行われる方向転換の「辻回し」が巡行の見どころです。各山鉾は10トン前後あるといわれていて、水で濡らした竹の上を滑らせて転回させます。そして夜になると、神輿渡御に先立ち、八坂神社の本殿で神幸祭が行われます。そして午後六時から神輿渡御が始まります。三基の大神輿が八坂神社を出発し、それぞれ所定のコースを巡行し、御旅所《おたびしょ》へと向かいます。優雅な山鉾巡行とはうってかわり、千人を超す男たちに担がれる大神輿は勇壮そのものです。

その後も二十四日には花傘巡行や各種奉納が行われ、祇園祭は続きます。

季の魚

鱧《はも》

鱧は、夏の高級食材として特に関西で人気のある魚です。

鱧は鰻と同じように暑い季節に食べて精をつける食材とされ、京都の祇園祭や大阪の天神祭には欠かせないものとなっています。特に祇園祭は「鱧祭り」と呼ばれるくらい、多くの人が鱧料理に舌鼓を打ちます。

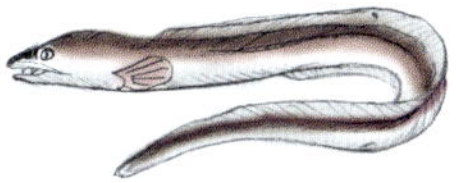

体長が1メートル以上にも成長する鱧は、小骨が多いので、身に細かく包丁を入れる骨抜きをして食べやすく下処理をします。その鱧を使った最も有名な料理といえば、鱧の湯引きです。魚屋ですでに骨抜きをされているものが手に入れば、高級料理店でなくても簡単に家庭で食べることができます。鱧の身を食べやすい大きさに切り分けたあとに、塩とお酒を少々加えた湯にさっとくぐらせます。

季の植物

烏《からす》柄杓《びしゃく》

サトイモの仲間で、地下に球形の茎を持ちます。地上部分には三枚の小葉しかなく、茎と葉をつなぐ葉柄《ようへい》の中に〝むかご〟ができるのが特徴です。

むかごはサトイモ科に見られるもので、土中ではなく外に生える芋の部分です。烏柄杓という名前の由来は細長い葉柄が細長く茎をくるむようにまるまり、烏が使う程度の小さな柄杓に見えるからです。

十一節気

夏

小暑《しょうしょ》

【新暦】2014年7月7日〜7月22日

六月節

梅雨が明けて本格的に夏に向かうころ。新暦七夕の七月七日のころから暑気が強くなります。また、陰暦六月の異称は水無月、晩夏といい、夏が終わり始めます。

季のことば

暑気払い

もともとのことばの意味は、夏の暑さを払いのける方法を講じることでした。ところが、今では居酒屋で枝豆をつまみにビールを一杯飲む口実になり、やがて夏の宴会を指すことばになってしまいました。季節の微妙な移り変わりを楽しむ天才の日本人が、夏の暑さを楽しみに変えないわけがありませんから、当然の結果かもしれませんね。

季の食材

枝豆

ビールのおつまみとしてもおなじみの枝豆は、緑色をしているものの、品種としては味噌や豆腐などの原料となる大豆と同じです。収穫する時期が早く、未成熟なものが「枝豆」となり、市場に出回っているのです。

タンパク質が豊富に含まれている大豆ですが、一方で有毒なタンパク質であるプロテアーゼ・インヒビターやレクチンが含まれているため、生で食することはできません。そのため、枝豆のようにゆでたり、加工食品にしたりして食べるのが一般的で、日本では、奈良時代には茹でた枝豆を食べていたという記録が残されています。大豆は健康食品として、海外などでも多く食されています。毎年五月から六月ごろになると、大豆は枝が分岐しているところから紫色の小さな花を咲かせます。その花が自家受粉してつくった種が、サヤに包まれた大豆というわけです。

季の行事

暑中見舞い

梅雨が明ける時季になりました。小暑から立秋までの季節。この時季には、暑中見舞いを出します。この時季以前に出す場合は「梅雨見舞い」、それ以降は「残暑見舞い」となります。

形式は①暑中見舞いの挨拶②先方の安否や近況を尋ねることば③自身の近況報告④先方の健康を願うことば⑤日付など、を押えておけば大丈夫です。形式張ったものよりも、それぞれを自分のことばに変えて送りましょう。

この時季はお世話になった人や久しく会っていない大切な人にご挨拶をしたいところです。今はくじ付きの暑中見舞いハガキが発売されていますので利用するのもいいでしょう。またイラストや絵葉書などで季節感を出すのもおすすめです。

ちなみに暑中見舞いの慣例が定着したのは大正時代からです。明治時代に入り、郵便が発達して誰でも気軽にハガキを出すことができるようになったからで、年賀状も同じような理由から大正時代に定着したそうです。

三十一候　小暑　初候

温風至《おんぷういたる》

【新暦】2014年7月7日～11日

【候の意味】暖かい風が吹いてくる

季の句

紅くして
黒き晩夏の日が沈む

誓子

季の魚　ウマヅラハギ

人をくったようなおちょぼ口で愛嬌のあるハギです。ウマヅラハギはカワハギ科のなかでも体が細長く、目から口先までの部位が馬のように長いことからその名前で呼ばれています。カワハギの文字どおり皮をはいで干物にするのはもちろん、煮ても焼いても、刺身にしても大変おいしい魚です。比較的浅い沿岸の砂地に生息し、高級魚用の定置網に大量にひっかかることがあるため、かつてはあまり人気のない魚でした。ただ、味がよいため、釣りの愛好家からの人気は高いのですが、釣り上げるにはひと苦労。

ウマヅラハギはその小さな口を器用に使って、釣り針にひっかかることなく餌だけを食べてしまうのが得意なのです。それもそのはず、ハギは小さくて硬い歯を持っているので、日ごろから小さい甲殻類や貝類を貪欲に食べているのです。

ウマヅラハギは身だけでなく肝が大変おいしい魚です。鮮度のいいウマヅラハギの肝を削ぎ身や湯通しにしたり、醤油に溶かして和えます。その肝和えを、薄づくりにしたウマヅラハギの刺身に絡めて食べると、肝の脂が刺身の淡白さと絡み合いうまみがより一層際立ちます。その濃厚な味と食感はマグロのトロにも引けをとらないといいます。味のわりに安価ですので、家庭料理のレパートリーに加えてみては。

季の食材

うに

うには、日本全国の沿岸の比較的水深の浅い砂地や岩場に生息しています。棘に覆われた全身を器用に動かしながら生息地を徘徊し、体の下についた口を使って微生物や海藻などを食べて成長します。

日本で食用として食べられるウニはバフンウニとムラサキウニで、夏ごろに旬を迎えます。国内で最も漁獲量の多い北海道は、うにの餌となる昆布の名産地としても有名です。ビタミンやミネラルなど栄養分の詰まった昆布を食べて育ったうにはその身も大変おいしく、新鮮な国内産は高値で取引されています。

うには新鮮なものであれば、生のまま食べてもよし、蒸しても焼いてもよし。調理方法によって食感は変わりますが、口の中に広がるうにの甘みはどの食べ方にも共通しています。日本では古来から食用とされていて、縄文時代の貝塚からうにの棘が見つかったり、平安時代に書かれた「養老律令」（七五七年）の中にも登場しています。

季の食べ物 そうめん

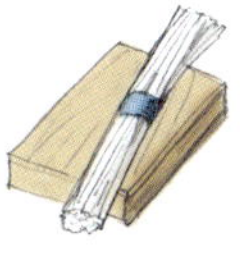

夏になると、かならず一度は食卓に上るそうめんですが、奈良時代に中国から伝来した唐菓子「索餅《さくべい》」がルーツという説があります。

平安時代に入ると、七夕に索餅を食べると病気にかからないという中国の故事に倣い、宮廷での七夕の儀式（当時は裁縫の上達を祈願する祭礼）には索餅が供えられるようになりました。このためか、もしくは細長い形状が糸のようでふさわしいと見なされたからか、そうめんは七夕の定番料理として定着していきました。

なお、そうめんはヘルシーなイメージがありますが、作る際に大量の油を使ううえ、原料が小麦であるために、カロリーはかなり高めです。

さっぱりした味わいのため、天ぷらのような料理と一緒に食べてしまいがちですが、注意しないとご飯を食べるよりもカロリーを摂取してしまいます。

三十二候　小暑　次候

蓮始開

はすはじめてひらく

【新暦】2014年7月12日〜17日

【候の意味】蓮の花が開き始める

季の句

夜の蓮に婚礼の部屋を
開けはなつ

誓子

季の行事

お盆

旧暦の七月十五日を中心に全国で行われる、ご先祖様の霊を祀る期間のことをいいます。お盆の由来は推古天皇の時代にさかのぼるといわれています。語源は仏教の「盂《う》蘭《ら》盆《ぼん》」から。この風習が各地に伝《でん》播《ぱ》するにしたがって、土着の風習が加わり変化を遂げて定着していったと考えられています。

　一般的な出迎え方は十三日の夕方に迎え火を焚いて、ご先祖様の霊を迎えます。期間中にお墓参りや読経、お供え物などで供養します。キュウリやナスに割り箸を挿《さ》した「精霊馬《しょうりょうま》」が有名ですね。そして十六日の夕方には送り火を焚いて、ご先祖様にあの世へ帰っていただきます。

　また、故人が亡くなってから初めて迎えるお盆のことを新盆と呼び、特にあつく迎える習慣があります。現在では八月十三日から十六日までの四日間をお盆とすることが多いのですが、地方によっては、旧暦のまま七月十三日から十六日までの四日間をお盆とする地域もあります。この期間は平日ですが、かなりの人が休暇を取り、親族で集い、お墓参りを行います。

　そして、この期間に各地で行われるものとして盆踊りが挙げられます。盆踊りも本来は仏事として発展。平安時代中期の僧、空也上人が広めた念仏踊りに由来するといわれています。

季の花
蓮の花

鮮やかなピンクや白色の花を咲かせる蓮。インド原産のハス科多年生水生植物で、地下茎から茎を伸ばして水面で葉を出します。古名である「ハチス」とは、花托《かたく》の形が蜂の巣に見えるからだとされていますが、ほかにも芙蓉、池見草、水の花といった別名を持っています。

　この蓮の根が蓮根として食べ

られますが、蓮の実はその多くが食用になります。「蓮の実」と呼ばれる果実にはでんぷんが豊富なほか、中の白い種子は、中国や台湾では餡にしてお菓子に加工されています。また、お茶や生薬としても重宝されています。若芽や花もお茶として利用されるように、人間にとっては捨てるところがない植物なのです。

　この蓮、果実の皮が非常に厚く、中をそのままの状態に保つことができます。かつては、遺跡から発見された二千年前の種子から発芽して花を咲かせたことがありました。二千年前の花が現代に咲くというのは、ロマンを感じさせますね。

季の行事

迎え火・精霊馬

　お盆の季節は、各家の迎え火を目印にご先祖様が帰ってきます。集合住宅などでは難しいですが、麦わらやオガラ（皮を剥いだ麻の茎）を焚き迎えたいところです。地域によって違いはありますが、定着したのは江戸時代からといわれています。

　ご先祖様の霊魂がこの世とあの世を行き来するための乗り物のことを「精霊馬」と呼びます。キュウリやナスに割り箸を挿《さ》したものが有名ですね。キュウリにはご先祖様が少しでも速く帰って来られるように、という願いが込められて、馬に見立てられているそうです。

　一方で、ナスに割り箸を挿したものは牛に見立てられ、できるだけゆっくりとあの世へと帰っていくように、という意味が込められているそうです。

三十三候　小暑　末候

鷹乃学習《たかわざをならう》

【新暦】２０１４年７月18日〜22日
【候の意味】鷹の幼鳥が飛ぶことを覚える

季の句

鷹一つ見つけてうれし
いらこ崎

芭蕉

季の鳥

鷹

鷹の幼子が飛び立ち、獲物を捕ることを覚える時期です。日本全国に、鷹は二十二種いるといわれています。四月から五月にかけて卵を産み、三十日から四十日程度の抱卵日数を経て孵化《ふか》します。その後三十日前後で巣立ちを迎えます。本格的な夏を迎えるこの季節には、鷹の子供たちの巣立ちを見ることができます。

鷹と鷲《わし》の違いがわからない、という人もいると思いますが、実は明確な違いはありません。タカ科に分類される鳥のうち、小さいものを鷹、大きいものを鷲とすることが多いようです。ただし、それに当てはまらない鳥もいるため、慣習によって分類されているというのが正しいでしょう。

鷹は鷹狩に代表されるように、人間とかかわりの深い鳥です。『日本書紀』によると、四世紀の仁徳天皇の時代にはすでに鷹狩が行われていたようです。

そして、古来より鷹は、武人の象徴とされていました。そのため、鷹の羽を家紋に使う家が多く、「忠臣蔵」の浅野氏や、西郷隆盛の西郷氏が有名で、阿蘇神社の神紋としても使用されているのです。

ちなみに、鷹の糞が医薬品として用いられていたことが、平安時代に記された薬物辞典の『本草和名』に記されています。

季の天気

やませ

梅雨明けに吹く、冷たく湿った北東風のことです。北海道から関東にかけての太平洋側に吹き、長く続くと冷害の原因になっていました。なかでも影響が大きかったのが、稲作地である岩手県・宮城県・福島県です。今でこそ米の品種改良が進み冷害の影響が少なくなっていますが、江戸時代は品種改良もまだまだでしたので、やませの影響は甚大だったのです。

季の行事

桃葉湯《とうようとう》

暑気払いに入る桃の葉を入れた風呂のことです。あせもや皮膚の炎症、虫さされに効果があるとされています。まさに夏のお風呂には最適ですね。この習慣の始まりは、江戸時代からといわれています。桃は葉、実、種、花とすべてに栄養や効能が含まれている優良植物です。ただし、生葉は若干の毒性がありますので、ご注意を。

季の食事

うな重

近年は鰻の稚魚が不漁のため、養殖物の値段も高騰し、「土用の丑の日は鰻を食べるか否か」がマスコミを騒がせています。

しかし、現代では高級魚の仲間である鰻は、蒲焼きという調理法が考案される江戸時代中期に入るまで、ぶつ切りを串焼きにして食べるのが一般的な庶民的な魚だったのです。

そんな鰻ですが、重箱に盛り付けたうな重と丼に盛り付けたうな丼を比較した場合、うな重のほうが何となく高級な印象を受けます。中身は同じなのになぜ印象が変わるのか。これは丼よりも重箱のほうが器としての格が上であるという刷り込みがあるためです。

なお、蒲焼きには蒸してから焼く関東風と、蒸さずに焼く関西風がありますが、関西風は蒸さない分、脂が少なくやわらかい小ぶりの鰻を使うため、関東風にはないコクと香ばしさを楽しむことができます。

夏
十二節気

大暑《たいしょ》

【新暦】
2014年
7月23日〜8月6日
六月中
水無月《みなづき》

最も暑い真夏のころ。厳しい暑さを表す言葉で、現在では、猛暑、酷暑、極暑などともいいます。真夏の暑さは年々増すばかりです。

季のことば

土用

立春、立夏、立秋、立冬の前、各十八日間を土用といいます。立秋前の夏土用の丑の日には、鰻を食べる習慣があります。同じく力をつけるためにつく餅を「土用餅」といいます。また、このころ水温が高くなり、魚が深部に移動して釣れなくなることを「土用隠れ」。夏の土用入りからの三日目、この日が晴れれば豊作、雨なら凶作と伝えられる吉兆を占う日を「土用三郎」。そしてこの時季、台風の影響で起こる大波が「土用波」です。

季の暮らし

浴衣

梅雨も明け、快晴が続く時季です。気温も上がっていき、夏の訪れを強く感じます。浴衣を着て、縁日や花火大会に出かける人も多いでしょう。浴衣はかつて「湯帷子《ゆかたびら》」と呼ばれ、入浴のとき、または入浴後に着る単衣《ひとえぎぬ》のことでした。平安時代の『倭名類聚抄』には「内衣布で沐浴の為の衣也」とあります。

平安から江戸にかけては、麻地の薄い単衣でした。というのもその時代の風呂は、お湯をしっかりと張って湯船に浸かるようなものではなく、蒸気に体をさらす蒸し風呂だったのです。そのため、水切りのいい麻が用いられました。江戸時代に入ると大衆浴場が流行します。湯を張るようにもなりましたので、湯帷子を着て入ることもなくなり、素材も麻から綿へと代わります。

このように伝統があるように思える浴衣ですが、着て外出するようになったのは、わりと最近の話なのです。

季の行事

花火大会

夏といえば花火の季節です。各地では花火大会が催され、一服の涼を得ることができます。さて、この花火大会はなぜ夏に催されることが多いのでしょうか? これは確かなことはわかっていないのですが、江戸時代の第八代将軍徳川吉宗の時代に、享保の飢饉がありました。飢饉は畿内が中心だったのですが、江戸ではコレラが流行して死者がたくさん出てしまいました。この慰霊と厄祓いを兼ねて、両国川(現在の隅田川)で花火大会を行ったのが始まりとされています。

この花火大会が行われたのが五月二十八日から七月二十八日にかけて。以来、この風習が全国に広がっていったとされています。

称賛の掛け声で有名な「玉屋」や「鍵屋」といった花火職人たちの町人花火が全盛を迎えたのもこのころ。玉屋は失火により、一代で断絶しましたが、鍵屋は現在も続いていて、十五代目となっています。火薬の規制がなかった御三家の藩、水戸・尾張・紀州の花火も「御三家花火」と呼ばれて人気を博したそうです。

三十四候　大暑　初候

桐始結花《きりはじめてはなをむすぶ》

【新暦】２０１４年7月23日～27日

【候の意味】桐の実がなり始める

季の植物

桐《きり》の実

高級家具の代名詞ともなっている「桐タンス」。桐材は、湿度が高いと膨張して気密性が高まり、湿気を防いでくれますし、乾燥時には収縮して通気性をよくしてくれるのです。桐は、四季によって気候が異なる日本にはぴったりの材木だといえるでしょう。また、昔

季の句

打ち水や砂に滲みゆく
樹々の影

亜浪

は嫁入り道具に桐タンスを持たせるため、「女の子が生まれたら桐を植える」という習慣がありました。桐は成長も速く、二十年も経てば高さ10メートル程度の成木となり、加工できるようになるので、それも理に適《かな》っているのです。また、実がついた枝は生け花にも使用されています。

　ゴマノハグサ科に属する落葉樹である桐は、原産は中国で、日本では北海道南部以南で栽培されています。

　五百円玉をお持ちでしたら、ちょっと手に取って見てください。実は、五百円玉の表に描かれているのが桐の葉と花なのです。また、内閣総理大臣の紋章としてデザインされているのも桐。硬貨の世界においても政治の世界においても、桐は「高級」なのですね。

季の暮らし

三尺寝《さんじゃくね》

　職人たちが仕事の休憩中にとる昼寝のことです。語源は三尺ほどのスペースで寝たからとも、日の影が三尺動く時間だけ寝たからともいわれています。うだるような暑さが続くこの季節には夜、しっかりと睡眠をとることができません。それをリカバリーするためにも、三尺寝は有効なのです。現在、三尺寝ということばはあまり使われていませんが、職人たちが現場で昼寝する習慣は今でも見ることができます。俳句の夏の季語にもなっています。

季の魚

太刀魚《たちうお》

　太刀魚はまるで日本刀の刀身のように銀色に輝く細長い

体を持っているのが特徴です。南北朝の武将・新田義貞が鎌倉を攻めるときに、引き潮を祈願して海に放った刀が太刀魚に生まれ変わったという伝説もあります。

普段は100メートル近い深い砂地にすみ、ウツボやヘビのような外見に加えて、水中を泳ぐときに頭を上にして立ち泳ぐ姿は、少々不気味に見えるかもしれません。しかし、その外見とは裏腹に食材としてみたときに、太刀魚ほどあらゆる料理に調理でき、おいしい魚はいないといわれています。鮮度の高いものは肉もやわらかく脂ものっていて、刺身にすると大変おいしいものです。

また、塩焼きやムニエルにすればうまみの詰まった皮に熱が入り、より一層おいしく食べられます。太刀魚は瀬戸内海でよく捕れるために関西で大変人気のある魚です。栄養価が高く、ビタミンやミネラルを豊富に含み、夏から秋にかけてが旬になります。

季の暮らし

打ち水

庭や道路に水をまいて埃を抑えつつ、温度を下げる効果があるのが打ち水です。本来は来客を迎える際に、穢《けが》れを祓うために行われたものです。現在では、ヒートアイランド対策として打ち水が注目されています。政府や地方自治体、水道局の音頭により、風呂の残り水や雨水などを利用しています。

三十五候　大暑　次候

土潤溽暑《つちうるおいてむしあつし》

【新暦】2014年7月28日〜8月1日
【候の意味】土が湿って蒸し暑くなる

季のうた

声はせで身をのみこがす
蛍こそ
言うより勝る
思ひなるらめ

源氏物語（蛍）

季の行事

蛍狩り

夏といえば蛍、なんていう人もいるかもしれません。なにせ蛍は日本人とのかかわりが深く、奈良時代に編纂された『日本書紀』にすでに登場します。やがて平安時代になり、貴族文化が発展すると、『源氏物語』や『伊勢物語』にも登場して風流なものとして愛《め》でられました。なかでも『源氏物語』では「蛍の巻」があるように、存在感が増していきます。発光量も姿も大きいものをゲンジボタルと呼び、小さいものをヘイケボタルと呼びます。これは平安末期の源平合戦に由来します。

蛍狩りの季節は五月から八月にかけて。湿度が高く、風がない夜に見ることができます。

季の祭

ねぶた祭り

ねぶたは青森県を中心に東日本各地で見られる夏祭りのひとつです。特に青森ねぶた祭りと弘前ねぷた祭りが有名です。「眠たし」に由来して、秋の収穫期を前に労働の妨げとなる眠気を払うため、七夕の行事として行われた眠り流しが現在の「ねぶた」になったという説が有力です。眠り流しとは、船や灯籠に睡魔をのせて流し、さまざまな災いを水に流して外に送り出す風習です。

ねぶた祭りは訛り方の違いから青森市周辺では「ねぶた」、弘前市周辺では「ねぷた」と呼ばれています。一九八〇年にそろって国の重要無形民俗文化財に指定されています。

青森ねぶたは八月二日から七日、弘前ねぷたは八月一日から七日に開催されます。どちらも最終日以外は夜間に始まり、大勢の市民が掛け声とともに、山車《だし》灯籠を曳いて街を練り歩きます。しかし、土地により内容も雰囲気も異なります。青森ねぶたでは掛け声は「ラッセラー」で、山車灯籠は二十台ほどの参加で人形型がほとんどです。しかし高さが4、5メートルで幅9メートルと横に広く、かなりの数のハネト（跳人）と呼ばれる自由参加の踊り手がねぶたを取り巻いて踊るので、その分盛り上がりがあり、戦《いくさ》に勝って帰ってくる姿を表した「凱旋ねぶた」ともいわれ〝動〟の印象を持つ人も多いようです。

一方、弘前ねぷたでは掛け声は「ヤーヤドー」、山車燈籠は大半が扇型で、八十台以上参加します。高さは大型のもので10メートル弱あり、そこには勇壮で色鮮やかな武者絵が描かれています。山車をゆっくりと曳き、落ち着いた笛の音と、力強い太鼓が響き渡るその雰囲気から〝静〟の印象を持たれるようです。

季の果物
ハッサク

夏みかんに似たハッサクの名前の由来は、旧暦の八月一日ころから食べられるようになったから、といわれています。一番の旬の時季は十二月から二月にかけて。このころのハッサクは甘みがとても強いのが特徴です。そしてこのハッサクですが、発見されたのは一八六〇年ごろ、広島県にある因島にて。非常に新しい果物なのです。現在は和歌山で、全国の生産量の六割が栽培されています。

ハッサクの語源になった八朔とは八月朔日《ついたち》の略で、旧暦の八月一日のことを指します。お世話になった人に新米や早稲《わせ》の初穂を贈る風習がありました。

三十六候　大暑　末候

大雨時行《たいうときどきふる》

【新暦】2014年8月2日〜6日
【候の意味】時として大雨が降る

季の魚

穴子

穴子は1メートル近くにもなる細長い体が特徴です。姿かたちは鰻ととても似ていますが、体表に鱗がなく、淡水にすむ鰻と違って海で一生を過ごす魚です。

旬になるのは夏。愛知、兵

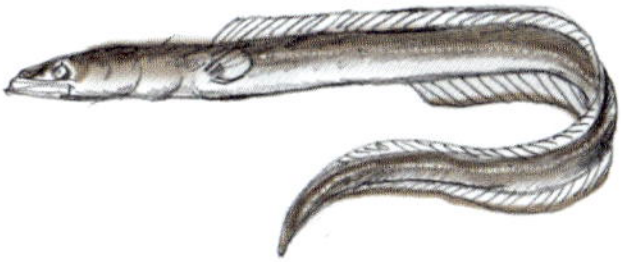

季の句

朝顔に釣瓶《つるべ》とられてもらひ水

千代女

庫、島根、長崎と西日本の漁場で多く水揚げされています。そのため関西では穴子を使った料理が豊富で、焼穴子を基本に、穴子丼や穴子茶漬け、八幡巻に佃煮があり、また、白く透明な穴子の稚魚を生か湯通しして食べる、穴子の「のれそれ」などさまざまな食べ方があります。穴子は鰻と同じように脂と栄養価が高く、ビタミンAやミネラル、DHAを豊富に含んでいます。

醤油ベースの汁に浸した穴子を鰻のように焼いて食べるのが関西。天ぷらのほかに、醤油ベースの汁で煮た穴子を寿司にして食べるのが関東。最近では国内での穴子の漁獲量が減少し、輸入品が増えていますが、穴子は鰻と同様に暑い日本の夏には欠かせない滋養食材のひとつといえます。

季の祭

秋田竿《かん》燈《とう》まつり

東北三大祭りのひとつで、重要無形民俗文化財に指定されています。毎年八月三日から六日に秋田市で行われる祭り。病魔、邪気を払う「ねぶり流し」が起源です。「ねぶり流し」は、笹竹などに願い事を書いた短冊を飾って街を練り歩き、最後に川に流すものでした。それに、宝暦年間のろうそくの普及、お盆に門前に掲げた高灯籠などが組み合わされて独自に発展しました。

竿燈は竹を組んで提灯をつるしたもの。大人の男性が、12メートルの長い竿に、四十六個もの提灯をつるした竿燈を手で持つだけでなく、腰や肩、さらには額の上に軽々と移しかえていきます。昼にはこの竿燈の技術を競う竿燈妙技大会が開催されます。各町内対抗の団体戦、個人戦があり、六部門で名人を決定します。

そして夜には太鼓や笛の音が流れ、差し手は「どっこいしょ、どっこいしょ」と威勢よく声を上げながら二百五十本近くの竿燈を掲げて街を練り歩きます。たくさんの竿燈がいっせいに立つさまは、大通りに天の川が降り注いだようです。近年では県外や海外にも遠征して公演をしています。

季の行事

朝顔市

東京都台東区入谷の鬼子母神を中心に、言問《こととい》通りで縁日とともに開かれています。朝顔の別名を「牽牛花《けんぎゅうか》」といいます。七夕の彦星は牽牛ともいい、その牽牛の花と書くので、朝顔市は七夕の前後の三日間に開催されるようになりました。江戸時代後期から入谷では朝顔栽培が盛んで、明治時代になってから市を開くようになりました。花粉の交配により多種多様な花を咲かせる朝顔に人々は夢中になり、入谷には朝顔の栽培農家が多く生まれました。しかし、徐々にすたれていき、たくさんあった栽培農家も大正二年にすべてなくなりました。現在の朝顔市は戦後に地元の有志の要望により復活したものです。下町の夏の風物詩となっています。

手紙に使える夏の挨拶

【五月】

●向暑のみぎりでございますが

●風薫る五月がやってまいりました。

●さわやかな季節となりました。

●青葉繁れる好季節を迎え

●気持ちのいい五月晴れがつづきますが

●八十八夜も過ぎ、夏の訪れを感じるころと

●暦の上ではもう夏なのですね。

●新茶のおいしい季節となりました。

【六月】

●梅雨空のうっとうしい季節となりました。

●連日の雨も一休み、きょうは久しぶりの青空です。

●雨に映える紫陽花の花も美しく

●山々の緑も、雨に打たれて色濃くなりました。
●故郷では無事に田植えをすませたとのこと
●梅雨明けの空がすがすがしい季節となりました。
●衣替えの季節となりました。
●吹く風も次第に夏めいてまいりましたが

【七月】

●長かった梅雨もようやく明け、猛暑の季節と
●暑気厳しき折柄
●夏空がまぶしく感じられるころとなりました。
●七夕飾りが軒先に揺れております。
●暑さ厳しきおりではございますが、お元気で
●蝉の声が聞こえる季節となり
●夏祭りのにぎわうころ
●花火の音が聞こえる季節となりました。

※右記の挨拶は新暦(現在の暦)に対応しています。手紙を書くときに、ご活用ください。

秋

白秋

白は秋の色。

旧暦の七月、八月、九月は二〇二三年に当てはめると八月七日から十一月六日です。実りの季節であり、花火大会や秋祭りで賑わいます。また道元が、「秋は月」と詠んだように、月を愛でる季節でもあります。七月を初秋、八月を中秋、九月を晩秋と呼びますが、「観月」といって八月の中秋が月見のメインイベント。日本人が月に対して特別の思い入れを持っていたことは、その呼び名の多さからもわかります。毎月、月は同じように変化しますが、ここでは仲秋の月の変化とその呼び名を中心に解説します。

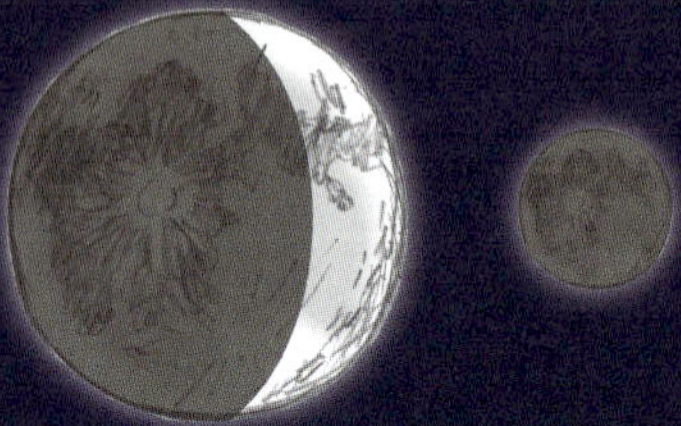

◉新月＝朔《さく》・朔日《さくじつ》

太陰暦ではこの日を一日目としてひと月が始まります。肉眼ではよくわからないかもしれません。

◉三日月

三日目の月だから三日月。初めて月が見えるため、新月ともいいます。いにしえの人々はさまざまな呼び名で三日月を表しました。それほど三日月の出現を喜び、愛でたのです。若月、夕月、眉月《まゆづき》、蛾眉《がび》、始生魄《しせいはく》、初 月《ういげつ・しょげつ》、彎月《わんげつ》、月の剣、欠月《けつげつ》、鈎月《こうげつ》、暦鉱《れきこう》、哉生明《さいせいみょう》、偃月《えんげつ》など、細い細い月、それが三日月です。

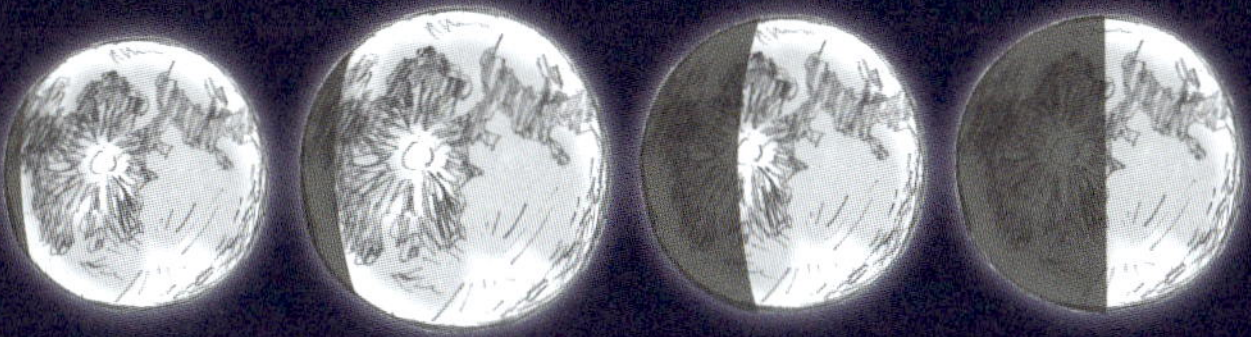

●七日月＝上弦の月
半月です。弓の弦を張ったように見えることから弓張月、弦月とも呼ばれます。弦の部分を上にして沈むことから上弦の月と呼ばれます。恒月、破鏡《はきょう》、玉鉤《ぎょっこう》、銀鉤《ぎんこう》、清虚《せいきょ》などの呼び名も。

●十日夜《とおかんや》
月が丸みを帯びてきました。呼び名もこれまでの「何日月」から「夜」になります。

●十三夜
古来、満月の十五夜と十三夜の両方見ることを二夜の月といって月見とされていたようです。それほど十三夜には趣があります。完全な円を描く十五夜もいいけれど、栗名月、豆名月と呼んでちょっと欠けた十三夜を好んだところにこそ「わび」「さび」を愛した日本人らしさが垣間見られますね。ほかに幾望という呼び名も。

●十四夜＝待宵《まつよい》
あと一日で満月。十五夜を「望」とも呼ぶことから小望月とも。いやがうえでも満月への期待が高まり、待ちきれない思いが名前に込められています。

●十五夜＝満月・望・望月・名月

旧暦秋八月の十五夜に限り「中秋の名月」と呼ばれます。里芋をお供えして食べながら見ることもあったため、芋名月とも。満天月、三五の月とも。

●十六夜《いざよい》

満月＝望の一日過ぎの月のため、既望とも。また一晩中月が出ているため不知夜月《いざよいづき》ともいいます。

●十七日月＝立待月《たちまちづき》

月の出が遅くなり、月の出るのを立って待つようになるため立待月といいます。

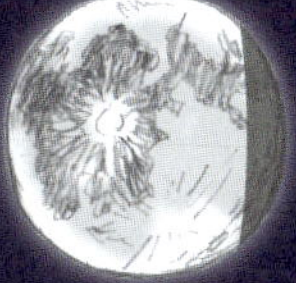

●十八日月＝居《い》待月《まちづき》

ますます月の出が遅くなるため、立っては待ちきれず、家の中で待つようになります。

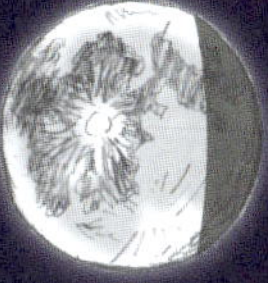

●十九日月＝寝《ね》待月《まちづき》

月の出はますます遅くなり、布団の中に入って待つようすが月の名前になったため寝待月。臥《ぶ》し待ち月とも。

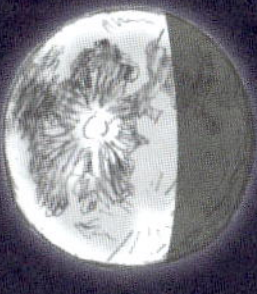

●二十日月＝更《ふけ》待月《まちづき》

亥の刻（二十二時）にならないと月が出ないため、亥中の月とも呼ばれます。早寝早起きの当時の日本人にとって、ここまで月の出を待っているのはよほどの月見好きです。十五夜からこの日の更待月までが宵月です。

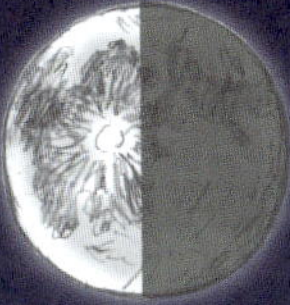

●二十三夜待＝下弦の月

七日月と同様半月ですが、弓の形が逆になります。今度は弓の弦を下にして沈むため、下弦の月と呼ばれます。

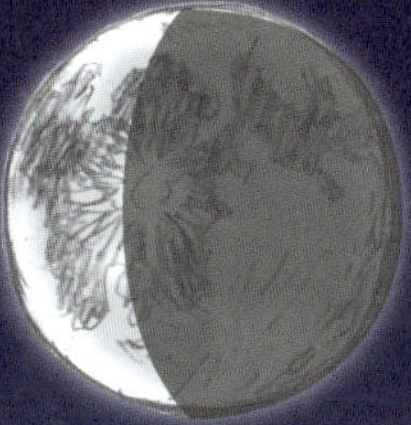

●二十六夜待

三日月とは逆向きの細い月。はじめに月の上方が光り、続いて月の下方が光り、最後に月の中央が光ることから「三光」の呼び名があります。月の出が明け方近くになるため、この月の出を待って願い事をすると叶うといわれています。

●月隠《つきごもり》

月が隠れるため月隠。つきこもり、つごもりとも。毎月の末日は晦日《みそか》といい、この日に蕎麦（291P他）を食べる習慣のある地方があり、一年の最後の日の大晦日に年越し蕎麦を食べる風習として残っています。

十二節気
秋

立秋《りっしゅう》

【新暦】
2014年
8月7日～22日
七月節

秋の気配がほの見えるころ。陰暦七月の異称は、秋の初めの月なので初秋ともいいます。

季のことば

蝉しぐれ

たくさんの蝉がいっせいに鳴きたてる様子を時雨《しぐれ》の降る音に見立てたことばが蝉しぐれ。夏の風物詩のひとつです。ニイニイ蝉は小型で「チイチイ」と鳴くので、チイチイ蝉、小蝉とも。ニイニイ蝉の倍はあるのがミンミン蝉。大声で「ミイーン、ミンミン」と鳴きます。ほかに「ジージジジ」と鳴くのが油蝉。みんな六年、七年と地中で暮らし、蝉になって一、二週間の短い生をせいいっぱい鳴き声に込めています。

季の植物

すすき

十五夜のお月見のときにお団子と一緒に飾られるすすき。イネ科ススキ属の多年生の植物で、日本全国、各地で自生しています。

すすきが白くなるのは夏から秋にかけて。茎の先端に、赤みがかった花穂（穂のような形で咲く花）をつけますが、種子が白い毛に覆われているため、全体が白っぽく見えるのです。

すすきは別名を「尾花」ともいいます。これは、穂を動物の尻尾に見立てているからで、馬の尾や鬣《たてがみ》が白くなるものを「尾花栗毛」とも呼んでいます。「幽霊の正体見たり枯尾花」ということわざがありますが、これは、疑心暗鬼の状況下では、何でもないものにも恐怖心を感じる、という意味になります。

また、「茅《かや》」とも呼ばれ、かつては茅葺《ぶ》き屋根の材料としても多く利用されていましたが、最近ではこの屋根は、めっきり見かけなくなってしまいました。

季の行事

残暑見舞い始まる

暦の上では秋が始まるとはいえ、現在の立秋は八月八日ごろ。全国各地で年間最高気温を観測する夏真っ盛りの時季です。それでも蜩《ひぐらし》など晩夏を象徴する蝉が鳴き始めたり、鰯雲が出てくるなど、秋の気配はゆっくりと近づいています。

そんな立秋を過ぎたころから手紙や贈り物など、さまざまな形式で送られてくる「残暑見舞い」。手紙がほとんどですが、贈り物を送付することもあります。

また、この時季に人を見舞うことも「残暑見舞い」という扱いになります。

立秋より前に送るのは暑中見舞いですが、残暑見舞いを出すときは「お障りございませんでしょうか」と、より体を気遣う文面を挿入しておくとよいでしょう。

残暑見舞いの期限は特に決められていませんが、暑さが厳しい八月末日までに出しておくのがマナーです。また猛暑の年に送ると、冷夏の年より相手方からの好感度がアップするのは、言うまでもありません。

三十七候　立秋　初候

涼風至《りょうふういたる》

【新暦】２０１４年８月７日～12日

【候の意味】涼しい風が立ち始める

季の句

酸漿《ほおずき》の
相触れてこそ蝕《むしば》めり
地蔵尊

季の行事

ほおずき市

ほおずき市（四万六千日）は例年七月九日と十日、浅草の浅草寺で開かれるお祭りです。この日に参拝すると「四万六千日間、つまり約百二十六年分のお参りをしたのと同じだけの功徳が得られる」といわれており、下町の夏の風物詩として親しまれています。

　そもそもほおずき市は、芝の愛宕神社の縁日で行われていました。ほおずきは「水で鵜呑みにすると、大人は癪《しゃく》を切り、子供は虫の気を去る」といわれるように、病気を治すアイテムとして人気がありました。一方、浅草寺では四万六千日の縁日が開かれていたものの、ほおずきを売る露店はそんなにありませんでした。

　愛宕神社の縁日が「四万六千日」と呼ばれるようになると、浅草寺側は「いやいや、四万六千日はわれわれが本家だから」と、愛宕神社に対抗してほおずき市を立てました。すると浅草寺のほおずき市のほうが有名になってしまい、いつしか縁日の名前も「四万六千日」より「ほおずき市」といったほうが通りやすくなったのです。

　現在も浅草寺の境内にはほおずきを売る店が数多く並ぶほか、釣りしのぶや風鈴なども売られています。二日間で六十万人の人出があり、毎年大変賑わっています。

季の祭

仙台七夕

東北三大祭りのひとつで、全国で一番盛んな七夕祭りです。八月六日から八日にかけて行われます。

　七夕祭りそのものは江戸時代から続いていましたが、明治の御一新を契機に全国的に衰微してしまいました。その状況を憂えた仙台商人により昭和二年、華やかな七夕祭りが復活しました。翌年からは「飾りつけコンクール」が開催され、商店街のイベントとして七夕祭りは完全に復活。第二次大戦により一度途絶えたものの、昭和二十一年に再び復活し、今なお続く仙台市の代表的なお祭りです。

季の魚

かれい

沿岸の砂地や岩場の砂地に張りついて虫や小魚などを捕食しているかれい。ひらめと似たような習性と体を持っていますが、大きな違いは目の位置で、ひらめと違って右側についています。

かれいは大変種類の多い魚で、日本近海だけでも百種類近くいるといわれています。私たちが口にするのは体長が30センチ程度のマコガレイといわれる種類です。夏が旬となる魚で煮付けから揚げ物、新鮮なものは寿司ネタとして大変人気があります。また、かれいは冬の魚としても大変人気です。

かれいは冬に産卵期を迎えますが、この時季に捕れる子持ちのかれいは卵もおいしいのです。また同じく冬に旬を迎えるかれいの仲間として、北の海で捕れるオヒョウがいます。オヒョウは「畳を釣り上げる」とたとえられるほど体長が大きく2メートルほどにも成長します。オヒョウはひらめのえんがわの代用品にもなります。

三十八候　立秋　次候

寒蝉鳴《ひぐらしなく》

【新暦】2014年8月13日〜17日

【候の意味】蜩《ひぐらし》が鳴き始める

季の句

閑《しずか》さや岩《いわ》にしみ入《い》る
蟬《せみ》の声《こえ》

芭蕉

季の行事

灯籠流《とうろうなが》し

死者の霊を弔うため、灯籠やお盆のお供え物を流す儀式を灯籠流しといい、全国各地で行われています。長崎県佐世保市の「灯籠流し」、福井県の「永平寺大灯籠流し」、京都府の「宮津灯籠流し花火大会」、そして「広島原爆被爆者慰霊灯籠流し」などが有名です。

灯籠流しは、お盆に帰ってきた死者の魂を再びあの世へ戻す「送り火」の一種とされており、ひな祭りの原型である「流し雛」との類似性も指摘されています。昔は灯籠やお供え物をそのまま流していましたが、最近では海や川の汚染が問題視されるようになり、下流などで回収することが多くなりました。

ちなみに灯籠流しは別名「精霊《しょうろう》流し」ともいい、熊本では「熊本城城下町精霊流し市民の会」が毎年精霊流しを開催しています。長崎県でも毎年八月十五日に精霊流しが行われていますが、歌手のさだまさしさんの歌や小説などの影響もあり、全国各地から観光客がやってくる一大イベントとなっています。

東日本大震災後には、全国各地で地震や津波の犠牲になった方々を灯籠流しで弔い、被災地の復興を祈りました。近年はイベント的な要素が増していた灯籠流しですが、改めて「大切な人の死を忘れないための儀式」と再認識されるきっかけとなったようです。

季の花

萩

萩は、夏から秋にかけて赤紫色(まれに白色)のチョウの形の花をつける落葉低木、またはねもとが木質の草本の総称で、七月から十月にかけて花が咲きます。「くさかんむり」に「秋」と書くことからもわかるように、

秋の代名詞として古くから日本人に親しまれており、秋の七草にも数えられています。

萩は痩せた土地でもよく育つ特性があり、日本のほぼ全域に分布していますが、なかでも宮城県の仙台地方は名所として知られており、宮城県花も仙台市花も萩です。仙台地方の古い呼び名である「宮城野」は萩の歌枕として『万葉集』の中にも多数登場しているほか、一六八九年（元禄二年）に仙台を訪れた松尾芭蕉は、『奥の細道』の中に「宮城野の萩茂り合ひて秋の気色思ひやらるる」という歌を残しています。

また、旧暦八月十五日から十六日の夜中に行う月見を「中秋の名月（十五夜）」と呼びますが、この日に萩とすすきを月見団子とともに月に供える風習は、今でも残っています。

季の虫

蜩《ひぐらし》

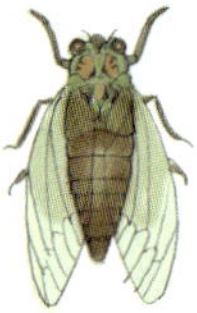

「寒蝉」は蜩、または晩夏から初秋にかけて鳴く蝉のことを指します。哀愁を誘う蜩の「カナカナ」という鳴き声は、今でも夏の終わりを感じさせてくれます。

実際、蜩が鳴く時季はまだ暑い夏の盛りですが、蜩は夜明けや日暮れ、または雨のあとなど、気温が低いときによく鳴きます。そのため、秋の訪れを感じさせてくれるのでしょう。蜩の最盛期は七月ですが、俳句では秋の季語とされています。

ちなみに蜩は漢字で「晩蝉」と表すこともありますが、これは蜩が夕方に鳴くことが多いから、とも。また、蜩や法師蝉（ツクツクボウシ）、チッチ蝉など晩夏から初秋にかけて鳴く蝉は「秋蝉」とも呼ばれています。

三十九候　立秋　末候

蒙霧升降《のうむしょうこうす》

【新暦】2014年8月18日～22日
【候の意味】深い霧が立ち込める

季の暮らし

和ろうそく

現在、ろうそくは「洋ろうそく」と「和ろうそく」に大別され、それぞれ使い方が異なります。

和ろうそくの歴史は古く、南北朝時代の歴史書『太平記』に記述があり、そのころから作られ始めたそうです。ハゼノキ（主に九州・四国地方）

季の句

霧しばし旧里に似たる
けしき有り

几董

やウルシ（主に東北地方）の果実から採取した木蝋《もくろう》を火であぶり、溶かしたものを芯の周りに手でかけ、乾燥させる、という過程を繰り返しながら作っていきます。そのため切断すると断面に年輪模様を見ることができます。

和ろうそくのなかでも一番値が張るのは、ハゼノキの木蝋だけで作ったものです。しかし、原料の調達に手間がかかり供給量も少ないので、洋ろうそくと比較するとその価格が高いのが実情です。現在は仏具専門店でその多くが販売され、お寺を中心に需要があります。

そんな和ろうそくですが、洋ろうそくに比べると光が強く、長時間保てるという長所があります。またオレンジ色の炎と、その炎の揺らぎには情緒深さや幽玄さが感じられ、和ろうそくの売りのひとつにもなっています。

現在ではリラクゼーションのアイテムとしても好評を得ており、根強い人気を誇っています。

季の植物

桃

中国が原産地の桃は、すでに三千年前から食用として栽培されていたといいます。日本では、縄文時代の遺跡から桃の種が発見されていることから、縄文時代末期には日本でも食べられていたと考えられています。

桃の栽培が盛んになるのは、海外の品種が輸入された明治以降です。その主流である「白桃」は、岡山県で生産された日本の桃の元祖ともいえる品種で、市場に出回っているその他の品種は、この「白桃」と他の品種を交配させてつくられたものです。

「桃の花」は春の季語で、花が咲く時季は、七十二候で「桃《もも》始《はじめて》笑《わらう》」とも呼ばれています。一方、実は秋の季語になります。

桃の葉をお風呂に入れた「桃葉湯」は、あせもや湿疹、日焼けなど、ダメージを負った皮膚を改善する効果があります。果実には、整腸作用のあるペクチンが含まれており、便秘の改善に効果があるほか、カリウムは血圧を下げる効果もあります。二日酔いに効くとされるナイアシンも含まれていますので、お酒を飲んだあとに食べるのもいいでしょう。

季の魚
すずき

すずきは大きくなると名前が変わる出世魚です。体長が20センチ程度のものをセイゴ、30センチ程度の大きさのものをフッコといいます。すずきと呼ばれるものは60センチ程度の大きさにまで成長したものです。小魚を積極的に捕食する習性から、ルアーを使ったゲームフィッシングでも人気のある魚です。

また食材としても古くから高級魚として、「洗い」から蒸し物、焼き物と、さまざまな食べ方で味わわれています。漁獲高は東京湾が最も多いのですが関西でとても人気のある魚です。島根県には「すずきの奉書焼き」という名物料理があります。まるごと一匹使い、濡れた和紙で包んで蒸し焼きにするものです。その始まりは藩主に献上したものといわれています。

十四節気 秋

処暑《しょしょ》

【新暦】2014年8月23日～9月7日

七月中

文月《ふみづき》

暑さが少しやわらぐころ。暑さが落ち着いてくるころ。

季のことば

納涼

酷暑の候に水辺や林間で避暑をするのは古来から行われていました。夕方の涼風を利用した夕涼みは、江戸時代に貴賎を問わず盛んになり、川に屋形船を浮かべたり、河原を利用して床を設けた河原床など、アイデアを駆使して涼しさを楽しみました。両国・隅田川の納涼風景を描いた浮世絵でも見られます。平安貴族は避暑用に別荘も持っていたそうですよ。

季の祭

秋祭り

夏の厳しい暑さが失せ始める処暑は、各地で秋祭りが開かれ始める時季でもあります。農作物に実りが生じる一方で、台風などの天災に気をつけなければならないこの時季は、農家の人たちにとって最後のひと踏ん張りといったところでしょうか。

秋祭りは本来、農作物が無事に収穫できたことを神々に感謝する行事で、その意志は今の時代にも受け継がれています。収穫したての野菜が販売されたり、古風な儀式が行われるなど、夏祭りとはまた一風変わった雰囲気をかもし出しています。

そして、神々に感謝をするだけでなく、秋祭りは農民の田植えを助けてくれた田の神との送別の儀式でもありました。収穫が終わり、再び山の神へと戻る田の神の帰路が寂しくならないよう、村人たちは飲めや歌えやのドンチャン騒ぎで盛り上げていたのです。

季の祭

盆踊り

夏になると全国各地で行われる盆踊り。太鼓の音頭や歌に合わせて踊るこの行事も、もともとは精霊を迎えて死者を供養する儀式の踊りだったのです。

その起源は鎌倉時代までさかのぼり、時宗を開いた一遍上人が広めた「念仏踊り」がその原型とされています。時代が経つにつれて宗教性よりも芸能色が強くなっていき、室町時代以降、太鼓などをたたいて踊るスタイルが定着しました。

江戸時代には「性」を解放する意味合いが強くなりました。未婚の男女の出会いの場であり、一時的な肉体関係を持つ場でもありました。しかし明治時代に「風紀が乱れる」と取り締まられるようになり、現在の状態に落ち着きました。今では町内会など、近隣のコミュニティーでのつながりを深める手段のひとつとして盆踊りが開かれています。

盆踊りでは『東京音頭』『炭坑節』などの楽曲がよく使われますが、最近のヒット曲が流れることもあります。

四十候　処暑　初候

綿柎開《わたのはなしべひらく》

【新暦】2014年8月23日〜27日
【候の意味】綿を包む咢《がく》が開く

季の句

ひさかたの雨も降らぬか
蓮葉《はちすば》に渟《たま》れる水の
玉に似たる見む

作者不詳　万葉集（巻十六・三八三七）

ひさかたの雨よ降ってくれないか。蓮の葉にたまった水の、玉に似たものを見たいものだ。

季の虫

赤トンボ

赤トンボと聞いて思い浮かぶのは、三木露風作詞、山田耕筰作曲の童謡『赤とんぼ』ではないでしょうか。三木が夕暮れどきに飛ぶ赤トンボを見て、故郷を思い浮かべながら作った歌詞とされています。NHKの『みんなのうた』、さらに由紀さおり・安田祥子姉妹の歌で、広く人々に親しまれています。

　体色が赤いトンボを総称して赤トンボと呼び、アキアカネ、ミヤマアカネ、マユタテアカネなどの種類があります。六月中旬から下旬にかけて水辺で羽化し、群れをなして山地や高原に移動します。種類によっては、3000メートルの高地にまで行く赤トンボの姿もあります。成虫してまもないころは茶に近い橙色の体も、山で過ごすうちに赤色へと成熟していきます。そして八月下旬から九月上旬にかけて、赤トンボは続々と平地に戻ってきます。赤トンボの「赤」の色は、秋の到来を予感させる色でもあるのです。

　旧暦では七月一日を「蜻蛉《とんぼ》朔日《ついたち》」ともいいました。これは七月一日が、地獄の釜のふたが開き、赤トンボがいっせいに飛び渡っていくからだそうです。また赤トンボを捕まえると罰があたるという言い伝えがあり、東北地方には「かみなりとんぼ」という言葉もあるそうです。

季の花

綿花

　綿が取れることで知られる綿花は、アオイ科ワタ属の多年草です。夏にハイビスカスに似た形の淡い黄色い花を咲かせます。花は一日でしぼんでしまいますが、開花してから五十日ほどで実が熟し、白い綿毛に包まれた種子をはじき飛ばします。この綿毛を繊維として衣類などに利用していますが、すでに紀元前六千年ごろには、メキシコで綿花の栽培が行われていたとされる痕跡が発見されています。

古代ギリシャ人は、このような不思議な花を見たことがなかったといい、本に「羊毛が生える木がある」と記しています。日本には八世紀ごろに伝わったといいますが、盛んに栽培されるようになったのは十六世紀以降のこと。それまで綿は中国や朝鮮から輸入される高級品でした。また、種子からは綿実油が取れ、食用油としても利用されています。

ふわふわした綿が取れることから、今では園芸用としても人気があり、鉢植えでも手軽に育てることができます。花が夏に咲くので、種をまくのは春ごろがいいでしょう。

季の植物
はちすば

「はちす」とは蓮の古名であり、「はちすば」は蓮の花のことです。初夏には大きな葉を池に浮かせ始め、ものによっては直径40センチほどにもなります。新潟県長岡市には良寛の終焉の地として知られる「はちすば通り」という地区がありますが、これは良寛と、彼が生涯で唯一気を許した尼僧・貞心が詠み交わした相聞歌をまとめた歌集『蓮の露』にちなんでいます。
現在ではあまり使われませんが、軽薄で態度や言動に品がない人（とりわけ女性）のことを「はすっぱ」と形容することがあります。語源には諸説あり、その中のひとつに蓮の葉っぱが風や水面の波によってゆらゆらと水に浮いている様子をたとえたものだという説があります。

四十一候　処暑　次候

天地始粛《てんちはじめてさむし》

【新暦】２０１４年8月28日～9月1日

【候の意味】ようやく暑さが鎮まる

季のうた

朝顔は朝露おいて
咲くといへど
夕影にこそ
咲きまさりけれ

作者不詳　万葉集（巻十・二一〇四）

朝顔の花は朝露に濡れて咲くというけれど、夕方の光の中にこそ、いっそう美しく咲くのですね。

季の虫

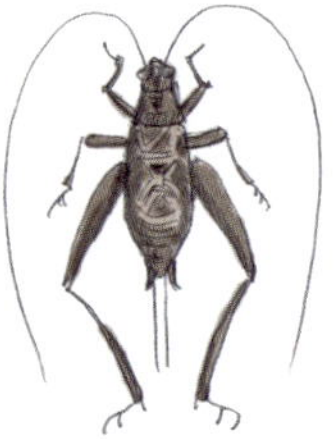

松虫

天も地もようやく暑さが衰えてくるこの時季、ふと秋を感じさせてくれるのが、夜が更けると鳴き出す松虫の声です。草むらや林に生息し、雄は「チンチロリン」と優美な鳴き声を聞かせてくれます。

日本人が虫の声を聞いて「いいなぁ」と思えるのは、音楽やことばを聞く左脳で虫の声を聞くからだそうです。逆に欧米人は右脳で雑音と一緒に聞くので、感傷に浸ることは少ないそうです。虫の声は日本人だけに許された、音のご馳走なのかもしれません。

そんな松虫も、かつては「リーンリーン」と鳴く鈴虫と呼び名が逆だったそうです。これは江戸時代後期に屋代弘賢が著した『古今要覧稿』という書物で、初めて指摘されています。古い和歌にも松虫や鈴虫が登場しますが、逆だったようです。松虫は体長が鈴虫よりやや大柄で、体色も淡褐色をしていますが、見た目に大きな差はありません。そのため見分けがつきにくかったのでしょう。

ちなみに平安時代には、鳴く虫を籠に入れて音色を楽しむ遊びが貴族の間ではやっていました。江戸時代には「虫売り」なる者が登場し、松虫や鈴虫を人工的に飼育し、盛んに販売していたようです。

季の花

朝顔（桔梗）

小学生のころ、夏休みの観察日記のために朝顔を育てた経験がある人も多いでしょう。この朝顔、ヒルガオ科サツマイモ属の植物で、同じ属のサツマイモは食用になりますが、朝顔は食べると激しい下痢を起こしてしまいます。現在でも、種子は下剤として薬用になりますが、毒性が強いため、一般人が朝顔の種から下剤をつくることは非常に危険です。

江戸時代には朝顔ブームがおき、盛んに品種改良が行われるようになりました。珍しい品種は高額で取引されるようになり、普通の品種も広く一般市民に広まりました。それが、東京・台東区にある真源寺で今も行われている「入谷《いりや》朝顔市」になっていくのです。

　朝顔は奈良時代に中国から入ってきたといわれていますが、平安時代だとする説もあります。『万葉集』などにも朝顔の歌がありますが、朝顔が平安時代に入ってきたとすると、『万葉集』で詠まれている「朝顔」は、同じように青い花を咲かせる「桔梗」だったのでは、ともいわれています。

季の果実

梨・柿

梨も柿も、秋の果物として昔からおなじみです。

　日本で梨が食べられるようになったのは意外と古く、登呂遺跡などからも梨の種子が数多く発見されており、『日本書紀』には梨の栽培の記述が残っています。現在のような、甘みが強く果肉のやわらかい梨は、明治以降に発見されたり品種改良により生まれました。シャリシャリした食感は、ペントザンやリグニンという成分からできた石細胞によるものです。

　一方、柿はビタミンが豊富で、特にビタミンCの量はレモンや苺に匹敵します。ほかにも、ビタミンKやミネラルなど、非常に高い栄養価を誇ります。

　また、柿の渋みの原因であるタンニンが血液中のアルコールを排出し、カリウムが利尿作用をもたらすことから、二日酔いにも効果があるとされています。十六世紀ごろにポルトガル人によって海外に伝えられたため、「KAKI」の名で世界中の人に愛されています。

四十二候　処暑　末候

禾乃登《こくものみのる》

【新暦】２０１４年９月２日～７日
【候の意味】稲が実る

季の植物

藤袴《ふじばかま》

秋の七草のひとつでもある藤袴は、日本各地に広く分布し、万葉の時代から親しまれてきました。『万葉集』や『源氏物語』などの文芸作品にも登場しています。

生草のままだと無香ですが、乾燥させると桜餅のようなほのかな香りを発します。昔の

季のうた

同じ野の露にやつるる藤袴
哀れはかけよ
かことばかりも

源氏物語（藤袴）

女性たちは乾燥した藤袴を香料として十二単にしのばせるなど、おしゃれアイテムとして活用していました。また薬草としての一面もあり、有害物質のピロリジジンアルカロイドが成分として含まれています。利尿剤として使われるほか、風呂の湯に入れることもあります。

　ただし最近では環境の変化もあり、その数は減り続けています。環境省のレッドリストでは、準絶滅危惧種にも指定されています。園芸店でも「フジバカマ」という植物が売られていますが、それは雑種や同属他種、または本種に似たサワヒヨドリ、ヒヨドリバナなどの〝まがい物〟です。繁殖力があるので、本物の藤袴と間違えてしまうのでしょう。本種と比べても芳香はやや劣り気味です。

　ちなみに二〇〇八年から三年間、テレビ局のKBS京都では「守ろう！　藤袴プロジェクト」と題し、たくさんの藤袴を京都のあちこちに植える活動を行いました。

季の食

稲

日本人の主食であるお米が取れる稲。現在、日本で栽培されている稲は、もともとは中国の野生種で、近年の調査によると、日本に稲作が伝わったのは今から六千年前だという説もあります。稲は多年生の植物でしたが、栽培した翌年以降は米の収穫量が減ることもあり、栽培する上では一年生植物として扱われています。

　稲は、田植えから約百日で穂

が出て、すぐに花が咲きます。花が咲いている時間は午前中からお昼ごろまでの二、三時間の間で、自家受粉をしてお米となる種子を実らせます。ことわざで「実るほど頭《こうべ》を垂れる稲穂かな」という言葉がありますが、これは実った米で重くなった稲穂の様子を人間にたとえ、人格者ほど謙虚になる、という意味です。

また、雷のことを稲妻といいますが、これは稲穂が実る時季に雷が多く、昔は雷が稲を実らせていると考えられていたことが由来となっています。近年では一人あたりの米の消費量が減少していますが、多くの品種からおいしいと思うお米を探してみるのも楽しいでしょう。

季の花

コスモス

漢字で書くと「秋桜」と書くコスモス。白や赤、桃色の花を咲かせるキク科コスモス属の花で、一般的に「コスモス」というと、オオハルシャギク（大春車菊）のことを指します。山口百恵の曲としても知られていますよね。実は、この曲が秋桜＝コスモスと当て字した最初の例なのです。

本来は春に種をまいて秋に楽しむ花ですが、現在では初夏に咲く品種も存在しています。

原産はメキシコの高原で、日本に入ってきたのは江戸末期ごろ、一般に普及したのは明治になってからだといわれています。園芸用として品種改良されたものは草丈が40センチほどですが、野生種は2、3メートルにも成長します。

秋

二十四節気

白露《はくろ》

【新暦】2013年9月7日～22日
八月節

大気が冷えてきて露を結ぶころ。陰暦八月の異称は葉月《はづき》。また秋三カ月の真ん中の意味の「中秋」ともいいます。

季のことば

御山洗い《おやまあらい》

富士山麓地方で陰暦七月二十六日に降る雨のことを「御山洗い」といいます。聖なる山を清め洗い流すさまにたとえた素敵なことばです。厳密には富士山を指すのでしょうが、各地方の霊峰にもあてはめて、この時季に山に降る雨を御山洗いと呼んでいるようです。きれいに洗われ、水分をとった山々はこれから黄葉し、あでやかに「山装う」へと向かっていきます。

秋の果実

「食欲の秋」には、多くの果物が収穫されます。その代表的なものがブドウでしょう。日本では山梨県で生産が盛んなように、古くから甲州種が栽培されてきました。甲州種は、もとは中国から輸入されたヨーロッパブドウが自生化したもの。そのほかにも多くの品種があり、現在ではワイン専用の品種も栽培されています。

焼いたサンマに搾ったり、和食の添え物としても利用されるスダチは、柚子《ゆず》の近縁種。名前の由来は「酢橘」で、五月から六月に白い花を咲かせます。一般的には緑色の果実が出回りますが、そのまま収穫せずに熟すと、ほかの柑橘類と同様に黄色くなります。

こちらも秋の果物として知られるイチジクは、漢字で「無花果」とも書くように、一見すると花を咲かせないようですが、実際には小さな花を咲かせます。食用になるのは、実は果肉ではなく、小花と、雄しべなどがつく花托《かたく》です。

季の野菜

秋野菜

「食欲の秋」という言葉にふさわしく、秋になると元気で健康な土が育んだ根菜・イモ類・キノコが旬を迎えます。

秋は季節の変わり目のため、夏の暑さによる疲れと間近に控えた冬のせいで体調を崩しがち。秋野菜に含まれる豊富なビタミン・ミネラル・食物繊維は、夏に蓄積した疲れを癒し、腸内環境を整え、肌荒れなどを改善するとともに、寒い冬に備えた体づくりに役立ちます。

里芋は弱った胃腸のケアや体を温める効果があり、ビタミンCが豊富なブロッコリーとの相性も◎。

ナスは一般的に、七月から八月が旬の夏野菜とされていますが、「秋ナスは嫁に食わすな」ということわざがあるように、初秋に収穫されるナスは身が締まっていて種が少なく、特に美味なものとされています。

生姜も本来は秋が旬の食材です。九月から十月ごろの収穫期に採ってすぐに出荷される生姜を新生姜といいます。色が白くて繊維が少なく、非常にみずみずしいのが特徴です。

四十三候　白露　初候

草露白《くさのつゆしろし》

【新暦】2013年9月7日～11日
【候の意味】草に降りた露が白く光る

季のうた

振仰《ふりさ》けて　若月《みかづき》見れば
一目見し
人の眉引《まよびき》　思ほゆるかも
大伴家持《やかもち》　万葉集（巻六・九九四）

季の行事

重陽《ちょうよう》の節句

旧暦の九月九日は重陽の節句にあたり、別名「菊の節句」ともいいます。平安時代の宮中では邪気を祓い、長寿を願うために菊を浮かべた酒を飲む風習がありました。天武天皇が重陽の宴を開いたり、陽成天皇が菊花酒を公卿たちに振る舞った記録も残っています。

江戸時代も諸大名が江戸城に登城したとき、菊花の枝を献上したり、菊花酒でお祝いをしたそうです。また庶民の世界でも、収穫祭と折衷した「お九日（くんち）」が行われていました。長崎で毎年十月七日から九日まで行われる「長崎くんち」が特に有名です。

中国には月と日の数字が重なるのを忌み嫌い、その日は邪気を祓って神を迎える習慣がありました。それがいつしか「節句」と呼ばれ、日本でも定着していきました。中国では奇数が陽数にあたり、「九」はその最大数なので、九月九日は「重陽」と呼ばれているのです。

人々が菊花酒を飲むのは、菊が霊力を持った不老長寿の花とされているから。中国河南省にある谷あいに、百歳以上の長寿の方がたくさんすむ村がありました。その村では菊の滋養を含んだ谷の水を飲んでいたので、そこから「菊＝長寿」のイメージが定着したようです。

季の貝

アワビ

日本全国の比較的浅い水深の岩礁にすんでいるアワビ。サザエと同じように、海の中でもわりと簡単に見つけることができる貝です。大変おいしく、比較的簡単に捕れることから、密漁の対象になることも多いようです。

アワビは巻貝の仲間なのですが、貝が巻いていないために、二枚貝の片割れがなく、身が貝殻からはみ出ているように見えます。アワビという名前の由来は「貝殻と合わない身」という言葉が転じたものといわれています。

　日本で主に食用にされているアワビは四種類です。そのなかでクロアワビという種類が一番おいしいとされています。そのまま身を取り出して薄く切ったものは、コリコリとした食感で、刺身にしても寿司にしても大変おいしいものです。

　また身を鉄板の上にのせてバターで焼き上げるアワビのステーキは、魚介類を使ったバーベキューには欠かせない食材です。

季の魚

鰹

スズキ目サバ科に属する大型の肉食魚で、体は大きいものでは1メートルにもなります。世界中の温帯・熱帯に広く分布していて、日本では太平洋側でよくみることができます。そんな鰹を豪快に一本釣りにする漁はあまりにも有名ですね。

　秋に楽しみたいのは「戻り鰹」。これは親潮によって日本に南下してくるものです。低い海水温にもまれて、引き締まった身と脂はとても美味。

　初夏の「初鰹」など、時季に合わせた味わいがあり、古事記の中にも「堅魚」という名前で登場し、日本人の食卓に重要な役割を果たしてきました。

四十四候　白露　次候

鶺鴒鳴《せきれいなく》

【新暦】2013年9月12日～17日

【候の意味】鶺鴒《せきれい》が鳴き始める

季のうた

明日香川　行き廻る丘の
秋萩は
今日降る雨に
散りか過ぎなむ

丹比真人国人《たぢひのまひとくにひと》　万葉集（巻八・一五五七）

明日香川が流れめぐる丘の秋萩は、今日降る雨に散ってしまっただろうか。

季の鳥

鶺鴒《せきれい》

細めの体と長い尾が特徴的な鶺鴒。渓流や水田、沼、小川などのほとりをちょんちょんと歩きながら、水生生物や昆虫をあさっています。その長い尾を上下に振る習性から「石たたき」「庭たたき」などとも呼ばれています。

また「恋教え鳥」「恋知り

島」という異名もありますが、これは神話のあるエピソードが由来になっています。

日本の国を創ったイザナギとイザナミは結婚したものの、子供のつくり方がわかりませんでした。そこへ鶺鴒が飛んできて、尾を上下に動かす動作を見せたそうです。

二人の神は性交の仕方を覚え、イザナミは日本列島（大《おお》八嶋《やしま》）を産み落としたのです。大げさにいえば、今の日本があるのは鶺鴒のおかげかもしれませんね。

こういった伝説もあり、鶺鴒は結婚にゆかりが深い鳥にもなっています。皇室での成婚時には、新床の飾りとして鶺鴒が置かれていたのだとか。

ちなみに鶺鴒は東京都あきる野市、岩手県盛岡市、福島県喜多方市など、多くの自治体の指定の鳥になっています。

同じセキレイ属のハクセキレイも、茨城県水戸市、東京都板橋区、愛知県岡崎市などで指定の鳥となっています。縁起がよいのが、選ばれる理由のひとつなのでしょう。

季の魚

ししゃも

酒の肴としておいしいだけでなく、大変体が小さい魚ですが、カルシウムが豊富で体にもよいとされています。特に産卵期の秋に捕れる子持ちのししゃもは、身だけでなくこりこりとした食感の卵がおいしく、大変人気があります。

干物にしたものが主に食べられていますが、最近は鮮魚も流通しています。漁獲される北海道では、刺身や寿司としても食べられているようです。ししゃもは漢字で書き表すと「柳葉魚」となります。その名前の由来は、川に落ちた柳の葉がししゃもに変わったというアイヌ民族の伝説からきています。

　ししゃもは海の魚ですが、産卵のために川を遡上します。国内で捕れるものは最近では大変高価になっており、一般のスーパーなどで見られるものは、ノルウェーなどの漁場で捕れるカラフトシシャモです。

季の花

白《おし》粉《ろい》花《ばな》

白粉花とはオシロイバナ科の多年草または一年草で、白粉のような香りがすることからその名がつけられました。白粉花は七月から十月ごろ、枝分かれした各枝先に花をたくさん咲かせます。花は短命で一日ほどで枯れますが、次々と多くの花を咲かせていきます。

　花の色は、赤・ピンク・黄・白・絞り模様などバリエーションに富んでおり、一株で色違いの花が咲く品種もあります。また、白粉花は遅い夜行性で、午後三時過ぎごろになってからようやく花が咲き始めることから、「夕化粧」とも呼ばれています。

　開花後、すぐに丸くて黒い果実を付けますが、この実のかたい皮をつぶすと、中の胚乳《はいにゅう》から白い粉が出てきます。昔は子供がこの粉を白粉として、顔につけて遊んでいたそうです。

　丈夫で、育ちやすい上、繁殖力が強いため、日本全国津々浦々の道端や空き地、河川敷などに自生しています。

四十五候　白露　末候

玄鳥去《つばめさる》

【新暦】２０１３年９月18日～22日

【候の意味】燕が南へ帰っていく

季の句

大津絵に
糞落としゆく燕かな

蕪村

季の鳥

燕《つばめ》

秋の涼しい風が吹くこの時季、燕たちは日本を去り、南へと戻っていきます。「玄鳥」は燕の別名でもあり、作家・藤沢周平の短編小説にも『玄鳥』という作品がありました。かつては電線に群れ、軒先をかすめるように飛んでいた燕の数が徐々に少なくなることで、人々は秋の訪れを実感していたのです。

最近は燕の姿を見ることがめっきり少なくなったので、この表現に違和感を覚える人もいるかと思います。燕が巣をかける家の軒下の数は著しく激減し、それが燕の飛来数を減らしたともいわれています。

燕は稲作において、穀物ではなく害虫を食べてくれるとして、長らく益鳥として大事にされてきました。江戸時代、燕の糞は雑草の駆除に役立つと信じられ、やがて商売繁盛の代名詞にもなりました。「燕の巣がある家は安全」という言い伝えもあるなど、燕には何かとプラスのイメージがついていました。

そんな縁起のよい鳥が越冬するため南国へ去ってしまうことで、人々は哀愁を感じていたのでしょう。春の華やかさに比べ、秋に侘《わび》しさを感じてしまうのは、去るものが多い時季だからなのです。

季の魚 はぜ

日本に二百種類以上いるといわれているはぜは、日本全国のあらゆる入江や河口、磯で見られる魚です。

海底の岩場や砂地上に吸盤状の腹ヒレを使って体を固定しながら、自分の前に現れる獲物を待っています。どんよくに何でも食らいつくため、大変手軽に誰にでも釣りやすい魚でもあります。夏休みには子供たちが遊びではぜ釣りを楽しむ光景がよく見られます。

　東京湾の釣り船ではぜ釣りを楽しむ船を、はぜ船と呼んでいます。釣りたてのはぜをその場で天ぷらにして味わうのが、はぜ船の最高の醍醐味でしょう。はぜは小ぶりなものでも大変うまみが詰まっていますが、秋に捕れる大ぶりのはぜは刺身にしても美味です。

　透明感ある白身は、はぜの外見からは想像がつかないほど美しいものです。素焼きにしたあと、干したはぜを入れた煮物は正月料理としても食べられています。

季の花

芙蓉《ふよう》

芙蓉（木芙蓉《もくふよう》）はアオイ科フヨウ属の落葉低木で、七月から十月初めにかけて、ピンクや白の、直径10〜15センチ程度の大ぶりな花をつけます。芙蓉は中国ではもともと「蓮の花」のことであり、水の中に咲くものを水芙蓉、木に咲くものを木芙蓉と呼んでいました。
　芙蓉は朝に咲き、夕方にはしぼんでしまう一日花で、早朝に開花したときには本来の淡紅色、夕方になるにつれ次第に濃くなり、しぼんでいきます。
　その花の姿が、大ぶりで非常に華やかであることから、枯れたあとも「枯れ芙蓉」として愛でられています。美人をたとえるときに用いられる花でもあり、美しくしとやかな顔立ちのことを「芙蓉の顔」といいます。
　また、芙蓉とほとんど同じ形の花に「酔芙蓉《すいふよう》」があります。酔芙蓉は、朝に開花したときは白く、夕方になるにつれてだんだん赤くなる花を、酔っぱらって顔が赤くなる様子にたとえて名づけられました。

二十四節気　秋

秋分《しゅうぶん》

【新暦】
２０１３年
９月23日～10月７日

八月中
葉月《はづき》

昼と夜の長さが同じになる日。暑さ寒さも彼岸まで。秋彼岸にはすっかり涼しく過ごしやすくなっています。

季のことば
秋彼岸・鱗雲《うろこぐも》

「暑さ寒さも彼岸まで」といいますが、秋彼岸になるとめっきり涼しさが増します。お墓参りに行くころ、秋の七草が咲き乱れています。花も茎も見事に黄色に色づいた女郎花《おみなえし》、萩、すすき。すっかり秋めいた空を見上げると、小さな雲片が群れとなって魚の鱗のように見えるのは壮観です。鱗雲はこの時季見られる雲の特徴です。これは巻積雲といって雲の一種。鰯《いわし》雲、鯖《さば》雲などとも呼ばれます。

季のお菓子

おはぎ

秋のお彼岸になくてはならないのが、粒が残った「半殺し」と呼ばれるお餅にあんこをまとった「おはぎ」。実は、春のお彼岸に食べる「ぼた餅」とまったく同じお菓子なのです。

その理由は諸説存在しますが、十八世紀初頭に出版された百科事典『倭漢三才図会』には「牡丹餅および萩の花は形、色をもってこれを名づく」とあり、ぼた餅は春の花である牡丹、おはぎは秋の花である萩にちなんで命名されたという説が最も有力です。ただし、「こし餡を使ったものがぼた餅、粒餡を使ったものがおはぎ」、「あんこを使ったものがぼた餅、きな粉を使ったものがおはぎ」という地域もあります。

なお、お彼岸にぼた餅やおはぎを食べる習慣が定着したのは、先祖供養の一環であると同時に、春は豊作を祈念し、秋は収穫に感謝するための神への供え物だったからだといわれています。

季の食材
松茸

『万葉集』に詠まれるなど古くから親しまれ、日本のキノコを代表するひとつとされている松茸。国産の松茸は年々収穫量が少なくなっており、それにつれて値段が高騰しているため、「山のダイヤ」とも称されています。松茸は赤松に寄生するため、毎年決まった場所に生えますが、松茸が採れる場所を家族にさえ教えない人もいるとか。

国産の松茸は高価で庶民にはなかなか手が届かないもののため、近年では韓国や中国、カナダなどからの輸入品が出回るようになりましたが、やはり姿・味・香りなど質に関しては国産品には及びません。

松茸の香り成分は、食欲促進や消化酵素の分泌促進などに効果があると考えられています。

また、松茸は香りがよく、その香りを生かして、土瓶蒸しや松茸ご飯などにして食します。ほかのキノコ同様、加熱によりうまみ成分が増えるため、生で食べても、うまみを感じることはほとんどないでしょう。

四十六候　秋分　初候

雷乃収声《かみなりこえをおさむ》

【新暦】２０１３年9月23日～27日

【候の意味】雷が鳴り響かなくなる

季の句

秋刀魚《さんま》焼く匂《にほひ》の底へ
日は落ちぬ

楸邨

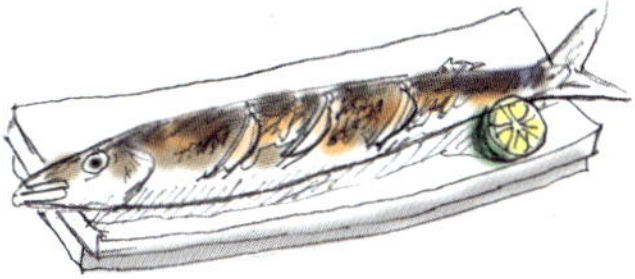

季の魚

秋刀魚《さんま》

秋の魚の代名詞といえば、その名のとおり「秋の魚」と書く秋刀魚です。この漢字が当てられるようになったのは実は大正時代から。わりと最近のことなのです。それまでは「青串魚」などと書き、文豪・夏目漱石は著書の中で「三馬」と記しています。

秋刀魚は日本沿岸の沖合で群れをなして回遊する魚で、夏から秋にかけて北の海から太平洋に南下してきます。

アラスカからメキシコまで広い海域に分布しています。最近の魚のほとんどは輸入ものと国産のものが混在して市場に出回っていますが、秋刀魚は今となっては大変珍しい100パーセント日本国内で捕られている魚なのです。

秋刀魚の最も代表的な食べ方は、身をまるごと焼き上げた、秋刀魚の塩焼きです。秋刀魚は身だけでなく内臓にも苦味があっておいしく、大変人気があります。普通の魚は内臓をすぐに取り除かないと味に差しさわりが出てしまいますが、秋刀魚の内臓は胃がなく腸も短いため死んでからもあまり傷まないのです。

秋刀魚は、シソの葉や梅干しと一緒に巻いて焼くと大変おいしい料理になります。

最近では冷凍技術が発達したために、脂ののった秋刀魚の刺身や寿司もよく食べられます。

季の花

彼岸花

彼岸のころに真っ赤な花を咲かせる彼岸花は、ヒガンバナ科ヒガンバナ属の多年草です。別名を「曼珠沙華《まんじゅしゃげ》」ともいいますよね。この別名は仏典に由来していて、「天上の花」としてめでたいものとされていますが、「地獄花」「幽霊花」「死人花」などと、忌み嫌われる花としても知られています。

これは、この花が彼岸に咲くことや、アルカロイドを含む毒草であることから、誤って食べた人が死ぬ＝彼岸を迎えるという意味もあるそうです。田畑に植えられることが多いのは、鳥やネズミ、さらにそれを食べる鳥やモグラなどから作物を守るため、ともいわれています。

赤い花がいっせいに咲く様子は圧巻で、埼玉県日高市の巾着田のように、彼岸花の名所として数多くの観光客が訪れる場所も存在します。北海道から沖縄まで、咲く場所は問いませんが、中国から入ってきたものが各地に分布したのではないかと考えられています。

季の花

アザミ

アザミとはキク科アザミ属の多年草の総称で、大きな葉に深い切れ込みやトゲがあり、花の色は赤紫色や紫色をしています。花言葉は「権威・触れないで・独立・厳格・復讐・満足・安心」。

アザミは北半球に広く分布しており、日本だけでも百種以上、世界には二百五十種以上あるとされています。スコットランドでは国花とされており、これはアザミのトゲが、侵入者を防いで国を守ったというエピソードに由来しているそうです。また、アザミはギリシャ神話の中の美しい羊飼い・ダフニスの物語にも登場しています。女神アフロディーテの怒りを買って盲目にされたことを嘆き悲しみ、河に身を投じてしまった彼の死を惜しんで大地が贈ったのがアザミであり、そのトゲは悲しみの印だとか。

四十七候　秋分　次候

蟄虫坏戸《すごもりのむしとをとざす》

【新暦】2013年9月28日～10月2日

【候の意味】虫が土中に掘った穴をふさぐ

季のうた

熟田津《にきたつ》に　船乗りせむと
月待てば　潮もかなひぬ
今は漕ぎ出でな

額田王《ぬかたのおおきみ》　万葉集（巻一・八）

熟田津で舟遊びをしようと月の出を待っていると、潮も船出にふさわしくなった。今すぐ漕ぎ出したいなあ。

季の魚

鯖《さば》

鯖は日本で最も多く食べられている魚のひとつです。身にたっぷりと脂がのっているため、焼いても刺身にしても大変おいしい魚です。

ですが、鯖の内臓にある酵素が大変強いため、漁獲したあとに大変傷みやすいのが難点です。いわゆる「足がはやい」

と表現される代表的な魚です。

「鯖を読む」という言葉は、鯖が大変傷みやすいために、数をごまかして素早く数えたことに由来しています。

鯖の身を塩と酢でしめたシメ鯖やバッテラ寿司は、鯖をおいしく保存するための加工ですが、鯖の脂と酢の酸味がほどよくかみ合うことで、ほかの魚にはないうまみをつくり出しています。

鯖は栄養価が大変高い魚で、頭によいとされるDHAや、血液をさらさらにするEPAを豊富に含んでいます。鯖は現在、大変安く手に入りやすい、輸入が占める割合も大きい魚です。

その一方で養殖の技術が進歩しており、鳥取県や大分県では養殖が盛んです。

国産の天然ものの鯖は大変高価で、豊後水道の「関サバ」や三浦市の「松輪サバ」、屋久島の「首折れ鯖」といったブランドもののマサバが存在します。

これらのなかには、一匹で四千から五千円もする非常に高価なものもあります。

季の植物

栗

秋の味覚として忘れてはならない栗。栗拾いを楽しんだことがある人も多いことでしょう。

ブナ科クリ属の木である栗は、独特の香りを発する雌雄異花を咲かせます。雌花は三つの子房を持ち、受精すると、そこで果実である栗を実らせます。

栗は縄文時代の遺跡から出土していることからも、縄文時代の日本では主食であったと考えられています。日本国内どこでも栽培することが可能で、京都の「丹波栗」（品種名は銀寄）といえば高級品、「栗の王様」とも呼ばれています。ですが、実際に栗の生産量が多いのは茨城県です。実は、茨城で栗の生産が盛んになったのは昭和に入ってから。一方の丹波栗は平安時代からの特産で、朝廷や幕府に献上されていました。生産量は少ないのですが、歴史があるので、丹波栗は高級品とされているのです。

　栗の木はかたくて腐りにくいことから、建造物や家具などにも利用されています。縄文時代の遺跡からも、栗の木を使用した建築材が発掘されています。

季の花
リンドウ

　リンドウは本州から奄美諸島の山野に自生する植物で、近縁種も含めるとほぼ日本全域に分布しており、秋を代表する花とされています。根や茎が苦く、熊の胆より苦いため、竜の胆嚢《たんのう》という意味の「竜胆」という名がつけられました。

　関東以西に多く自生する「リンドウ」や近畿以北に多い「エゾリンドウ」など、薬用に利用されるものも多く、薬として使われるのは、ひげ状になった根の部分です。

　日光の二荒山《ふたらさん》神社では、ある行者が山奥で雪の下からリンドウの根を掘り起こしているウサギを見つけ、不思議に思いながらも、同じように根っこを持ち帰って病人に用いてみたところ、たちまち病気が治ったという伝説が残されていることから、霊草として扱われています。

四十八候　秋分　末候

水始涸《みずはじめてかれる》

【新暦】２０１３年10月3日～7日

【候の意味】田畑の水を干し始める

季の句

栗食《は》むや
若き哀しき背を曲げて

波郷

季の魚

はたはた

「はたはた」といえば秋田県の特産品として広く知られています。はたはたは日本海やオホーツク海などの冷たい深海にすむ魚です。

秋田県の県魚であり、「カミナリウオ」の別名も持っています。というのも秋田県をはじめとする本州の日本海側では冬場に雷が鳴ることが多く、はたはたが捕れる十一月ごろにも盛んに雷が鳴るからです。

その価値を決めるのは、はたはたの卵である「ぶりこ」。名前の由来は正月料理に使う鰤の代わりに食べられていたことからとされています。未成熟のものはうまみが強く、成熟したものはぷりぷりとした食感が大変人気です。

はたはたの加工には干物や塩漬けなど、さまざまな種類のものがあります。加工される頻度が最も多い方法として知られているのは三五八《さごはち》漬けでしょう。その名のとおり塩と麹と蒸し米を、三対五対八で漬け込んだものです。三五八漬けのはたはたを焼き上げると魚のうまみはもちろん、漬けに使った麹などの風味が染み込み大変おいしく食べることができます。

また、塩漬けにしたはたはたから作る魚醤を使ったしょっつる鍋も人気があります。鱗がないために下ごしらえが簡単な魚です。

季の花

金《きん》木《もく》犀《せい》

秋のお彼岸の前後、街を散歩していると、どこからともなく金木犀の花のいい匂いが流れてくる、というのは、日本人にはおなじみの光景でしょう。金木犀は中国原産の常緑性樹木で、主に庭木として観賞用に植えられています。葉は楕円形で先端が少し尖っており、ややぶ厚く革のような質感です。秋になると小さなオレンジ色の小花を咲かせますが、この花の強くて甘い香りが特徴です。

　金木犀という名前は、樹皮の様子が動物のサイ（犀）の皮膚に似ており、金色の花を咲かせることに由来しています。

　中国では、金木犀のことを丹桂、金桂、桂花などとも呼び、花を砂糖漬けにした「桂花糖」は食材・調味料としてお粥に入れたり、お菓子の香りづけなどに利用されています。また、キンモクセイの花冠を白ワインに漬け込んで熟成させたお酒である「桂花陳酒」は甘くて香りもいいため、日本でも若い女性を中心に人気があります。

季の食材

蓮根

　もともと蓮根は日本にはなく、原産は中国やインドだとされています。奈良時代に日本に入ってきましたが、当初は花がメインで、観賞用の花として広まり、蓮根が食用になったのは鎌倉時代以降だとされています。
　蓮根にはビタミンCが豊富です。本来、ビタミンCは熱に弱いのですが、でんぷんも多く含んでいるため、加熱してもビタミンCを多く失うことはありません。また、野菜には珍しいビタミンB21を含んでいます。これは、鉄分の吸収を助ける働きがあり、ほかにも「造血ビタミン」とも呼ばれるビタミンB6も含んでいるので、貧血に効果があります。
　蓮根を切ると糸を引きますが、これはムチンによるもので、里芋やオクラと同じ成分です。
　生産地として有名なのが茨城県で、日本で収穫される蓮根の約50パーセントが茨城県産となっています。

十七節気 秋

寒露《かんろ》

【新暦】
2013年
10月8日〜22日
九月節

露が冷たく感じられるころ。長月は陰暦九月の異称で、秋三カ月の終わりにあたる月のため「晩秋」ともいいます。

季のことば

釣瓶落とし

井戸の釣瓶《つるべ》を落とすように、まっすぐ早く落ちることから、特に秋の日がたちまち暮れてしまうさまをたとえて「釣瓶落とし」、「秋の日は釣瓶落とし」といいます。まだ日があるから大丈夫、と思っていても秋の太陽はあっという間に沈んでしまいますから、山歩きをしているときなどは、特に注意が必要です。

季の食材

秋のキノコ

日本では一般的に約六千から七千種類のキノコが分布していますが、そのうち一般の図鑑に載っているのは三割程度にすぎず、私たちが普段口にするものとなると、さらにその種類が限られてきます。

シメジ（ブナシメジ）は味に癖がなく、さまざまな種類の料理に合わせることができる上に安価でいつでも入手可能なため、非常に使い勝手のいい食材といえます。舞茸には免疫力を高めるβ-グルカンがタンパク質と結合し、水に溶けない形で含まれているので、ガンの予防効果が注目されています。椎茸は、生より干したほうが栄養価が高く、味もおいしいといわれています。

エノキダケというと白くてヒョロッとしたもやし状のものをイメージすると思いますが、それは人工栽培されたもの。天然のものは黄色や茶色っぽい色をし、表面にねばりけがあります。

季の野菜

里芋

泥だらけでお世辞にもきれいとはいえない姿の里芋ですが、その独特のねっとり感とやわらかさは、和食のメニューには欠かせません。

里芋のぬめりの正体は、タンパク質、多糖類のガラクタン、食物繊維のマンナン。ガラクタンは胃の粘膜や腸の働きを活発にし、血糖値や血中コレステロールを抑える働きがあるといわれています。

そのほか塩分の取りすぎを抑えるカリウムが多く含まれており、むくみの防止にも効果的です。しかも、ほかのイモ類と比べると低カロリー。女性におすすめの野菜といえます。

里芋を皮のまま蒸し、その皮を剥いて食べる料理を「きぬかつぎ」といいますが、これは平安時代の女性の衣装である衣被《きぬかづ》きになぞらえて名づけられたものです。また、里芋は親芋の周りに子芋がついて、さらに子芋の先に孫芋が連なるところから、子孫繁栄の縁起物とされています。そのため、里芋の煮物は、おせち料理の定番とされています。

四十九候　寒露　初候

鴻雁来《がんきたる》

【新暦】２０１３年10月8日～12日

【候の意味】雁が飛来し始める

季の句

久しくて
次なる雁の鳴き渡る

汀女

季の鳥

雁

燕が南国へと去ったあと、シベリアなどの北国から冬鳥がやってきます。鴨や白鳥、そして雁がV字の編隊を組んで現れます。

冬鳥とは秋に日本へ来て越冬し、春になると北に帰る渡り鳥のこと。渡り鳥が方向を見失うことなく旅ができるのは、日中は太陽と己の位置を、そして夜は北極星と己の位置を確認しながら飛んでいるからとされています。

「鴻雁《がん》来《きた》る」の「鴻」は大きな雁を、そして「雁」は小さな雁を指します。二十四節気では「寒露」を迎えたこの時季、冬鳥もポツポツと姿を現し始めるのです。

日本に飛来する代表的な雁は「真雁」といい、特に宮城や石川、新潟などでその姿が見られます。かつては狩猟の対象でもありましたが、その数が激減してからは保護鳥の対象となり、今では禁猟となっています。

ちなみに森鷗外の小説に『雁』という作品がありますが、ここでは不忍池で雁に石を投げて殺す場面もあります。ほかにも宮沢賢治の『銀河鉄道の夜』や、『万葉集』における柿本人麻呂の和歌など、さまざまな作品で雁が登場しています。

雁の飛来は、冬の訪れを感じさせる風物詩でもあったのです。

季の祭

長崎くんち

毎年十月七日から九日に長崎の諏訪神社で催される例祭で、重要無形民俗文化財に指定されています。「くんち」とは秋祭りのことです。秋祭りは秋の収穫を祝う祭りで、全国各地で行われています。長崎くんちは、寛永十一年（一六三四年）の旧暦の九月七日、遊女の高尾・音羽の両人が神前に謡曲小舞を奉納したことが始まりといわれています。

神輿が前日に諏訪神社の本宮から大波止《おおはと》に下り、そして再び本宮に上る流れで祭りは行われます。その年踊る番の町は諏訪神社本宮だけではなく、長崎市公会堂などでもダイナミックな奉納踊を披露します。同じ踊りであっても町ごとに内容は異なり、それが祭りの楽しみとなっています。

　男衆が数人がかりで大きな傘鉾の龍を舞わせる龍踊りや「阿蘭陀万才《おらんだまんざい》」、唐人船などの豪華絢爛な見せ物は、鎖国の中、唯一外国へ開かれた場所だった長崎の風土を感じさせます。

季の植物

銀杏《ぎんなん》

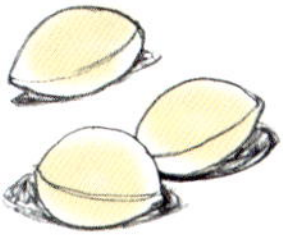

秋が深まると、イチョウの木の下には葉っぱと一緒に、腐ったような強烈な匂いを放つ黄色の実が大量に落ちています。私たちが食べているのは、その実の内部にある種子の胚芽《はいが》の部分です。外殻が非常にかたいため、中身を取り出すのに少し手間はかかりますが、熱すると半透明の鮮やかな緑色で、また、水分を吸うと黄色っぽくなって彩り鮮やかなうえ、独特の風味やモチモチとした食感が楽しめ、塩炒りや串焼きは酒のツマミとして最適です。

　また、漢方では古来より咳止めや、膀胱の括約筋を強くする効果から夜尿症・頻尿の改善に使われていて、良質のタンパク質はコレステロールを減らし、滋養強壮にも効果があるなどさまざまな効果があります。その一方、銀杏には神経に働くビタミンB6の作用を妨げる中毒物質が含まれており、食べ過ぎると痙攣や食中毒を起こすことも。

五十候　寒露　次候

菊花開《きっかひらく》

【新暦】2013年10月13日～17日

【候の意味】菊の花が咲く

季のうた

はらはらと松葉吹きこぼす
狭庭《さにわ》には皆白菊の
花さきにけり

長塚　節《たかし》

季の祭

神嘗祭《かんなめさい》

神嘗《かんなめ》とは神様を食事でもてなすという意味です。五穀豊穣に感謝して、初穂を天照大神に奉る伊勢神宮のお祭りです。

年間千六百以上ある伊勢神宮のお祭りのなかでも、最も由緒ある重要な祭事です。別名「三節祭」、「三時祭」

とも呼ばれ、毎年十月十五日から十七日に祝われています。明治時代から戦前までは十月十七日は国民の祝日となっていました。

古くから、神嘗祭には皇室から「幣帛《へいはく》使」と呼ばれる使者が派遣されてきました。応仁の乱や戦国の戦火により、中断することが多くなりましたが、江戸時代に入り、世の中も安定しだすと、この風習も復活。その後は途絶えることなく続いています。

神嘗祭が二十年行われると「大神嘗祭」になり「式年遷宮」が行われます。式年遷宮とは社殿を新しく造り、御神体をその新宮に遷《うつ》す大祭です。六九〇年から一三〇〇年にわたり行われていて、平成二十五年には、第六十二回式年遷宮が予定されています。

また神嘗祭を祝って、初日には全国のお祭りが集まる神嘗奉祝祭が行われます。徳島の阿波踊り、山形の花笠祭り、沖縄の沖縄エイサーなど全国のお祭りが伊勢市内で見られます。

季の行事

重陽《ちょうよう》の節句

旧暦九月九日の重陽の節句は、日本では古来から親しまれてきた風習です。平安時代の貴族の間では「菊の着綿《きせわた》」と呼ばれる習慣がありました。これは、重陽の節句の前日に、菊の花を植物染料で染め綿で覆い、翌朝その綿で体や顔を拭いて長寿を願うもの。現在ではこの習慣はなくなりましたが、和菓子にはこの着せ綿をモチーフにしたものがあります。江戸時代も諸大名が江戸城に登城したとき、菊花の枝を献上したり、菊花酒でお祝いをしたそうです。

葵祭で有名な上賀茂《かみがも》神社では九月九日に重陽神事が行われます。本殿に菊を供えて、無病息災を祈願し、この日訪れた参拝客には菊酒が振る舞われます。また「烏相撲《からすずもう》」と呼ばれる児童による相撲が奉納されます。これは神社の祭神である賀茂建角身命《かもたけつぬみのみこと》が、神武東征に際して、八咫烏《やたがらす》となって先導したという伝説に由来します。

季の花

菊

秋の代表的な花として知られる菊。競馬でも、「菊花賞」というレースが行われますね。

この菊は、もともとは野生種がなく、今から千五百年ほど前に、チョウセンノギクとハイシマカンギクの交配で作られたとされています。日本では、すでに平安時代から観賞用として、また薬草としても用いられていたといいます。また、皇室の紋章にもなっています。桐の葉と同様、菊は50円玉のデザインにもなっているように、古くから日本人に親しみのある花でした。

本来は秋の花である菊ですが、今では人工的に開花時期を遅らせる「電照菊」という栽培方法が普及したおかげで、一～三月に花を咲かせるものもあります。季節感は失われましたが、いつでも菊が楽しめるようになりました。

菊は食用にされることもあるように、キク科の植物には食べられるものが多くあります。草餅に使用されるヨモギやレタスも菊の仲間なのです。

五十一候　寒露　末候

蟋蟀在戸

きりぎりすとにあり

【新暦】2013年10月18日～22日

【候の意味】きりぎりすが戸の辺りで鳴く

季のうた

白銀の鍼《はり》打つごとき
きりぎりす
幾夜はへなば涼しかるらむ

長塚 節《たかし》

季の虫

きりぎりす

「蟋蟀《きりぎりす》」は、正しくは「しっしゅつ」といい、コオロギやきりぎりすのことを指します。

また「蟋」をコオロギ、「蟀」をきりぎりすとする説もあります。

この二種は、数ある秋の虫の中でも比較的遅い時期まで鳴き続け、時には霜が降りるころまで鳴くこともあります。それゆえ漢字の意味が混同されてしまったのでしょう。また古典では、コオロギを「きりぎりす」と呼ぶこともあります。「蟋蟀在戸《きりぎりすとにあり》」は、きりぎりすが戸口のそばまで寄り、哀愁を漂わせながら「ギーチョン、ギーチョン」と鳴く時季を指します。その鳴き声が、深まる秋の侘しさ、そして長くなっていく夜の深さを感じさせてくれます。ちなみにきりぎりすは「螽」「螽斯」といった漢字でも表現可能です。

　きりぎりすといえば、童話『アリとキリギリス』で越冬の準備を怠ったために死んでしまうキャラクターとして描かれています。けれども実際は、成虫の寿命が遅くとも十一月で尽きてしまうだけで、冬の準備を怠ったから死んだわけではありません。きりぎりすから見れば、この童謡で「怠け者」のレッテルを貼られてしまい、さぞかし無念だったことでしょう。

季の野菜

山芋

　山芋は中国原産で野生種と栽培種があり、一般的にスーパーなどで売られている山芋は、畑で農作物として作られている栽培種です（ちなみに、野生種のものは「自然薯《じねんじょ》」と呼ばれます）。丸い棒状の長芋や銀杏の葉っぱ状態の大和芋も、山芋の一種です。

　山芋は生育が遅く、長さ60センチほどになるまでに三年から四年ほどかかりますが、その分、栄養価が高く、滋養強壮にいいといわれています。その秘密は、山芋特有のぬめりに含まれるグロブリンとマンナン。これらの成分には、スタミナ増強や虚弱体質改善効果のほか、膵臓からのインシュリンの分泌を正常にし、胃腸を強くする効果もあります。さらに、アミラーゼ、オキシダーゼ、グリコシダーゼといった分解酵素が多く含まれているため、腸内の細菌を活性化させ、消化を促進させる効果もあります。

　ちなみに、山芋を調理すると手が痒くなるのは、皮付近に含まれるシュウ酸カルシウムという皮膚を刺激する成分が原因です。

季の魚

鰯《いわし》

　干物に刺身、そして焼き魚や煮物、揚げ物、さらに稚魚はちりめんじゃこと、私たちの食生活のあらゆる場面に登場する鰯。日本だけでなく世界中の海で漁獲される貴重なタンパク源でもあります。

　その水揚げ量は日本近海でも100万トン単位になるといわれています。鰯の歴史は大変長く、平安時代の紫式部や和泉式部の日記にも登場します。鰯は字のごとく大変傷みやすい魚です。そのために煮干しや畳鰯などの加工品として売られることが多いですが、新鮮で大ぶりのものは刺身にしても意外なほどに脂がのっていて大変おいしい魚です。

　鰯には小骨が多く、その上傷むと悪臭を放つことから、民間信仰の中で魔除けの効力があるとされています。節分に鬼を払うために、尖った柊《ひいらぎ》の小枝と焼いた鰯を間口に飾る「柊《ひいらぎ》鰯《いわし》」が知られています。

十八節気 秋

霜降《そうこう》

【新暦】2013年10月23日〜11月6日

九月中

長月《ながつき》

朝夕に冷え込んできて露が冷気によって霜となって降り始めるころ。霜は谷底やくぼんだ地形で発生しやすいようです。

季のことば 十三夜

旧暦九月の十三夜は、旧暦八月の十五夜に次いで月が美しいとされ、後《のち》の月、豆名月、栗名月ともいいます。片方だけ見るのは片見月といってよくないとされ、中秋の名月と晩秋の十三夜の両方を見るのがお月見ファンの定番です。新暦では、十月二十日ころです。

季の植物

どんぐり

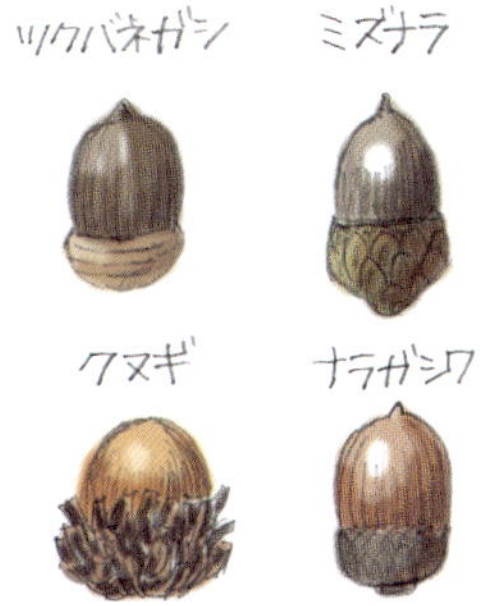

どんぐりとは、クヌギ・楢《なら》・柏《かしわ》・樫《かし》といったブナ科の木の実の総称で、部または全体が「殻斗《かくと》」と呼ばれるお椀あるいはまり状のもので覆われているのが特徴です。日本に自生しているどんぐりの木はおよそ二十二種類。どんぐりはデンプン質に富み、生産量も多いことから、森にすむ野生動物たちにとっては秋から冬にかけての重要な食料となっています。

また、縄文時代の日本において、どんぐりはクルミや栗などと並ぶ主食とされていました。どんぐりは渋みが非常に強く、そのまま食用とするには適していませんが、縄文人たちは当時すでにどんぐりのアク抜き法を知っており、縄文土器を使って熱を加え、水にさらすことを繰り返した上でお粥や雑炊にしたり、製粉してクッキーのように焼き上げたりして食べていたようです。

季の行事

十三夜

旧暦八月十五日の「十五夜」に対し、旧暦九月十三日の月は「十三夜」と呼ばれています。食べごろの大豆や栗をお供えしていたことから「豆名月」「栗名月」などとも、また、十五夜の次という意味で「後《のち》の月」ともいわれています。十五夜は天候が崩れがちですが、十三夜は晴れの日が多く、「十三夜に曇りなし」ということばもあるほどです。十五夜に比べると少しだけ月が欠けていますが、肉眼では確認できないレベルなので、ほぼ満月ともいえます。

江戸時代の遊里では十五夜と十三夜の両方を祝う風習があり、片方しか見られない客は「片月見」「片見月」とされ、遊女たちに縁起が悪い印象を抱かれてしまいます。そのため遊女に嫌われたくない客は、両方行こうと躍起になりました。もっともこの迷信は、遊里が客を呼ぶための営業戦略だったという説もありますが。

また旧暦十月十日の月は「十日夜の月」と呼ばれ、「中秋の名月」「後の月」に続く「三の月」とされています。

五十二候　霜降　初候

霜始降《しもはじめてふる》

【新暦】2013年10月23日～27日

【候の意味】霜が降り始める

季のうた

落葉焚きて寒き一夜の暁は
灰に霜置かむ庭の土白く

長塚節

季の魚

ほっけ

干物があまりにも有名なほっけは、戦後の日本で配給物資として配られた食べ物でもありました。ニシンが捕れなくなった代わりに、代替品のほっけの需要が高まっていきました。その当時は品質も悪く、それゆえにまずい魚というイメージが長くついていました。

ほっけは、特に若魚がロウソクボッケといわれるほど脂肪が多く、独特の風味があります。しかし干物にすることで臭みが取れてうまみが増し、現在では居酒屋の安くておいしい定番メニューの代表となっています。

ほっけは日本海を中心とした寒い海にすみ、普段は深場の根周りにすんでいます。秋の産卵シーズンには浅瀬に移動するために漁獲量が増え、旬の時季を迎えます。漢字では魚偏に花と書き表します。これは産卵期のオスは体表にコバルト色が浮かび、海の中で花が咲いたように鮮やかに見えるからです。

食べ方は干物のほかにも活け締めにしたものは、刺身としても甘みとうまみがあり美味です。ただし脂が多いので、非常に足がはやいのが特徴です。そのため北海道では、生のまま冷凍した魚を刺身のように薄く切ったものが食されます。

季の野菜

薩摩芋

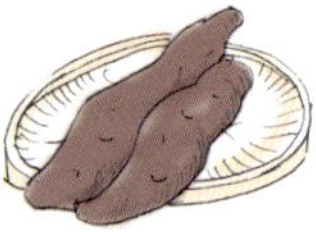

小さいころ、秋の遠足で芋掘りに出かけたことはありませんか。そのときに掘る芋が薩摩芋で、これは子供でも収穫でき、焼き芋にするなど調理も簡単だからということから行われています。

もともと薩摩芋は中南米が原産地とされ、それが中国を経て十七世紀に日本に入ってきました。江戸時代の飢饉で米が不足すると、痩せた土地でも育ち、それなりに収穫量がある薩摩芋が全国に普及していきました。

日本で栽培されているのは「ベニアズマ」や「鳴門金時」な

ど数十種類ですが、世界では三千から四千種類あるといわれています。

薩摩芋はでんぷんを多く含み、食物繊維やビタミンCも豊富です。近年では、食用のほか、焼酎ブームによって芋焼酎の需要が増えたことから、その原料としても使用され、一時は薩摩芋が不足する事態にも陥りました。

薩摩芋はヒルガオ科の植物で、朝顔と同じような花を咲かせますが、沖縄など暑い地方では、接《つ》ぎ木をするなどしないと、花を咲かすことができません。

季の野菜

牛蒡《ごぼう》

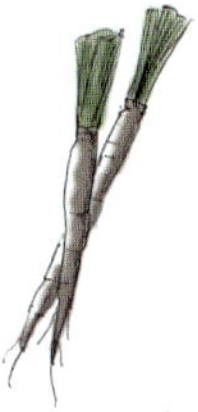

牛蒡は平安時代に薬草として中国から日本へ伝来しました。食用とされるようになったのは、江戸時代後期から明治時代にかけてのことです。旬の時季である十一月から一月は、日本では細切りにした根をきんぴらやかき揚げ、サラダなどにして食べますが、牛蒡の根を食用とするのは日本と韓国だけで、西洋では若葉がサラダに使われるぐらいです。

主な栄養成分は炭水化物で、その大部分が食物繊維です。食物繊維には利尿作用や腎臓機能を高め、食物の吸収を緩やかにして、血糖の急激な上昇を抑制する効果があります。また、不溶性食物繊維のヘミセルロースやリグニンは、悪玉腸内細菌の繁殖を効果的に抑制し、水溶性食物繊維のイヌリンはコレステロール値の低下に有効です。牛蒡の皮にはポリフェノールが多く含まれているため、調理する際には包丁でこそげ落とす程度でよく、アク抜きは必要ありません。

五十三候　霜降　次候

霎時施《しぐれときどきほどこす》

【新暦】2013年10月28日～11月1日
【候の意味】小雨がしとしと降る

季の句

初しぐれ
猿も小蓑をほしげ也

松尾芭蕉

季の魚

上海ガニ

日本で一般に上海ガニと呼ばれるのはイワガニ科の一種、チュウゴクモクズガニです。秋が旬の、上海や香港で人気のある食用ガニで、中国の長江流域から朝鮮半島までの川に生息しています。

なかでも、中国江蘇省蘇州市にある陽澄湖《ようちょうこ》で養殖されるものが海外でも有名で、高値で取引されています。そのため、ほかの場所で養殖されたものを一瞬だけ水に浸して陽澄湖産としてしまう業者もいるそうです。

　秋に旬を迎え、十文字に縛られ生きた状態で中国から日本へ出荷される様子は秋の風物詩のひとつです。日本では同種のモクズガニも漁獲量は少ないものの食されています。上海ガニは身がおいしいものの、その量は、ほんの少ししかありません。

　しかしメスの殻の内側にあるオレンジ色の内子に大変価値があります。内子には濃厚なうまみが詰まっており、独特の酸味が大変人気です。食べ方はカニをまるごと蒸したりゆでたりしますが、生きたまま紹興酒に漬けたものを使った料理も大変有名です。

　紹興酒に漬けることで身に酒のうまみが染み込み大変まろやかな味わいになります。また身のうまみを生かしたカニ汁やカニ飯も大変おいしい料理です。

季の魚

きんき

　旬の冬には、小料理屋の煮付け料理に欠かすことができない魚、きんき。正式にはキチジと呼ばれ、その文字どおりに「吉次」という縁起のよい魚としても有名です。

　普段は水深200メートル以上の深い海底にすみ、北海道を中心とした北の海で多く漁獲されます。身が大変やわらかい上に脂がのっているので、主に煮付けにすることが多い魚ですが、漁獲が多かった時代は、かまぼこの材料となることも多かったようです。今では見た目の美しさと味わいのよさから、高級魚のひとつとなっています。皮の下のゼラチン質にうまみが詰まっているため、皮をつけたまま刺身にすれば、おいしいだけでなく大変美しいものになります。

北海道では湯煮にしたキンキにソースや醤油をかけて食べるのも人気で、また、きんきを湯煮にした湯汁にはおいしい出汁が出ているため、鍋や煮物にも利用しています。

季の食材

とんぶり

「畑のキャビア」と呼ばれ、スーパーなどでよく見かけるとんぶりという緑色のツブツブの食材。実はこれ、掃除道具のほうきに用いられる「ほうきぎ」という植物の実なのです。

古くは利尿と強壮の作用がある「地膚子《じふし》」という漢方薬として扱われていたほうきぎの実ですが、江戸時代に秋田県で食べられるようになったのが、とんぶりの始まりだといわれています。

そのプチプチとした食感が世界三大珍味のひとつ、キャビアに似ているため、秋田県特有の珍味だったとんぶりはあっという間に全国区の食材になりましたが、このとんぶりを食べられるようにするには、何時間もゆでたあと、水にさらしながら丁寧に皮を剥かねばならず、非常に手間がかかります。

それでもとんぶりが現代まで食べ継がれてきたのは、東北の飢饉がそれほどまでにひどかったからです。

五十四候　霜降　末候

楓蔦黄《もみじつたきなり》

【新暦】2013年11月2日～6日
【候の意味】もみじや蔦が黄葉する

季のうた

秋山の　黄葉《もみじ》を茂み
迷《まど》ひぬる　妹《いも》を求めむ
山道《やまぢ》知らずも

柿本人麻呂　万葉集（巻二・二〇八）

秋の山のもみじが茂っているので、迷い込んでしまった妻を探し求める山道を知らないことよ。

季の祭り

唐津くんち

唐津くんちは、十一月二日から四日に佐賀県唐津市の唐津神社で行われる秋祭りです。重さ2から5トンの十四台の曳《ひき》山《やま》が、町を駆け抜けるさまが壮観で、有名になっています。初日は「宵ヤマ」といい、秋夜の暗闇のなか提灯をつけた曳山が走ります。

二日目は「御旅所神幸《おたびしょしんこう》」といい、唐津くんちが最も盛り上がる日です。神社に獅子舞が奉納されたあと、曳山が旧城下町を回ります。その中には「曳込み」と呼ばれる、砂浜のなかを曳山を引っ張る行程もあります。数トンある曳山が砂に潜り込んでいくのに負けず、「エンヤ〜エンヤ〜」という独特の掛け声とともに参加者が力強く引っ張っていく様子は、観客を大いに沸かせてくれます。

最終日の「町廻り」は、同じ道をゆっくりと進んでいきます。曳山は和紙を張り合わせた上に漆を塗ってできた山車の一種です。曳山には赤や青や金色の獅子頭、鯱、さらに亀に乗った浦島太郎、上杉謙信など有名な武人たちの兜などさまざまな形があります。曳山は江戸時代末期から明治初期に作られたものを使い続けており、一番古いものは一八一九年のものです。祭りがないときでも、展示場でその姿を見ることができます。

季の植物

もみじ・蔦《つた》

秋の行楽シーズンになると、紅葉狩りに出かける人は多いのではないでしょうか。私たちが知っているもみじは、カエデ科の木の葉で、分類上、もみじとカエデは同じです。葉の形が手のひらのようになっており、それが「かえるの手」に似ていることから「カエデ」と呼ばれるようになりました。

もともと緑だった葉は、日照時間が短くなるとクロロフィルが分解され、蓄積された糖やアミノ酸が新たな色素「アントシアン」や「カロテノイド」をつくるため、赤や黄色に変化します。一方、沖縄に自生しているクスノハカエデのように、紅葉しないものもあります。

　甲子園球場の外壁を覆う蔦も、秋になると紅葉します。別名をモミジツタともいいますが、こちらはブドウ科ツタ属の植物で、もみじとは関係はありません。ブドウ科の植物とあってか、葡萄と同じような実をつけます。蔦には夏蔦と冬蔦があり、紅葉するのは夏蔦、しないのが冬蔦です。

季の魚 かわはぎ

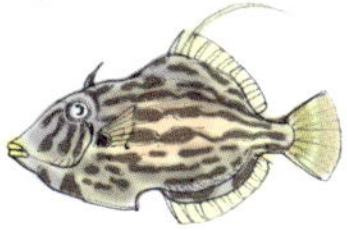

かわはぎは細い口先に菱型の平べったい体と独特の姿をしていますが、肉質が大変おいしい魚です。かわはぎはその名前のとおり、厚くて丈夫な皮を手でまるごと剥いで料理をします。刺身にして食べるときには、新鮮なものであればかわはぎの肝を醤油でといたものを添えて、刺身をつけて食べます。

　淡白で弾力のある白身に、濃厚なうまみが詰まった肝和えが口の中に入ると、トロにも負けない濃厚な甘みが広がります。湯通ししたものや、野菜と豆腐を一緒に煮込むちり鍋にするのもおすすめです。脂が少なく干物にするとカラカラに乾燥します。そのため酒の肴としては最高の素材です。

　旬の時季は秋から冬にかけてで、秋の訪れとともに体が大きくなったものは大変おいしくなります。釣りの魚としても大変人気ですが、かわはぎは餌取りの名人でもあってなかなか釣り上げにくい魚ではあります。

手紙に使える秋の挨拶

【八月】

●空高く澄み渡り

●降るような蝉しぐれ

●寝苦しい夜がつづいておりますが

●立秋とは名ばかりの暑い日がつづいております。

●暦の上ではもう秋というのに

●朝夕はずいぶんしのぎやすくなり

●虫の音に、秋の気配を感じ

●夜空に秋の気配を感じるころ

【九月】

●二百十日もことなく過ぎ

●空も秋色をおびてまいりましたが

●台風一過の空が、今日はことのほか青く澄んで

●初雁の姿に秋を感じるころ
●秋風が肌に心地よい季節となり
●日増しに秋の深まりを感じるころとなりました。
●庭の柿の実が色づき始めました。
●スポーツの秋を迎え

【十月】

●菊薫る季節となりました。
●天高く馬肥ゆる秋
●野も山もすっかり色づき始め
●そろそろ紅葉が楽しめる季節となりました。
●秋空高く、さわやかな毎日がつづきますが
●木々の梢も色づいて
●秋もたけなわでございますが
●秋色日毎に深まり

※右記の挨拶は新暦（現在の暦）に対応しています。手紙を書くときに、ご活用ください。

冬

黒冬《こくとう》

黒は冬の色。

ここでいう冬とは、旧暦十月、十一月、十二月の三カ月を指します。新暦では、十一月七日から翌年二月三日までです。日本には四季折々に美しいことばがたくさんありますが、ここでは冬のことばをご紹介します。道元は「冬雪さえてすずしかりけり」と詠みました。かじかむほど寒い冬空を舞う雪、身が縮んでしまいそうなくらい吹きつける寒風、そんな厳しい自然に育まれたことばの数々。そして、温かい鍋物や旬の魚介類を寒い夜に食べるうれしさ、楽しさ。ゆず湯、みかん湯、生姜湯、お茶湯。体の芯まで温まる健康を兼ねたお風呂の知恵の数々。寒い家の外と温かな家の中。まったく異なるふたつの要素を味わえるのが、冬の楽しみです。

牡蠣鍋、てっちり、しゃぶしゃぶ、かにすき、きりたんぽ鍋、あら鍋、モツ鍋、うどんすき、石狩鍋にアンコウ鍋に湯豆腐、すき焼き。旬菜の長ねぎ、南瓜《かぼちゃ》、大根、春菊に椎《しい》茸《たけ》、糸こんにゃくを入れて、親しい仲間や家族そろっての冬のあったか鍋は心もほっこりします。

雪のことば

粉雪　粉末状でさらさらした雪。

淡雪《あわゆき》・泡雪・沫雪　すぐにとけて消えてしまうあわい雪。

ぼた雪　多数の雪の結晶が重なり合って降る牡丹の花のように見える、粒の大きな雪。

冠雪　雪が降って大地を白く覆うこと。

雪見　降雪や雪景色を見て楽しむこと。

細雪　こまやかに降る雪。

六花《ろっか》　雪の結晶の形からついた名前。

風花《かざはな》　晴れた日の昼間に舞う雪のこと。

なごり雪　春が近いというのに冬を思い起こさせるように降る雪。

雪化粧　枯れた木々が枝に雪を積もらせて着飾って見える様子。

雪まろげ　小さな雪の塊を転がして大きくする遊び。雪丸げとも。

雪起こし　雪が激しく降るときや前に起こる雷のこと。また、雪の重さで倒れた木々を起こして支える作業のこと。

雪晴　雪がやんで空が晴れたときの様子。

雪女郎　雪女のこと。

霜と寒さのことば

霧氷　水蒸気や霜が枝などに凍りついた様子。

霜花《しもばな》　霜が窓に張りついて結晶が花のように見える様子。

木枯し　秋の末から冬の初めにかけて吹く、木を吹き枯らすほど強く冷たい風。

空っ風　冬に吹く、雪や雨を伴わない風のこと。空風、乾風《からかぜ》とも。上州名物。

寒雷《かんらい》　冬に鳴る雷。

寒月　冬の夜の冷たくさえわたった光の月のこと。

山眠る　木々の葉が落ちきって、山が眠ったように静まり返った様子。

寒弾《かんびき》　三味線の寒稽古の様子。

冬
十九節気

立冬《りっとう》

【新暦】
２０１３年
11月7日～21日
十月節

冬の気配が感じられるころ。神無月《かんなづき》は陰暦十月の異称。また、冬三カ月の初めの月に当たるため、「初冬」ともいいます。

季のことば

小春日和・こたつ開き

晩秋から初冬にかけて、いかにも穏やかで暖かい日を小春日和といいます。「小春」は陰暦十月の異称のひとつ。この時季の気候が春に似ていることからこう呼ばれています。また、陰暦十月の亥の日はこたつを出す日とされていました。それも武家は最初の亥の日、庶民は二番目の亥の日と決まっていたそうです。今なら、お武家さんズルイ、寒いのはみんな一緒でしょ、と思いますよね。

季の料理

かにすき

冬になると魚介類は脂がのっておいしさが増しますが、なかでもかには、冬の海の幸の王者ともいえる食材です。

日本では大きく分けてタラバガニ（実は生物学上はヤドカリの仲間！）、ズワイガニ、毛ガニの三種類のかにが食べられており、シンプルに炭火焼きやお刺身でそのうまみを堪能するのも乙ですが、やはり冬は体を温めてくれるお鍋でいただきたいものです。

かにを用いた鍋には「かにすき」「かにしゃぶ」の二種類がありますが、両者には次のような違いがあります。

かにすきは醤油ベースの昆布出汁でかにやほかの具材を煮込むのに対し、かにしゃぶは昆布出汁にかにの身をくぐらせて、ポン酢などのツケだれをつけて食べるものです。

なお、昆布出汁でかにを煮込んでツケだれをつけて食べる場合は、鍋の名前は「かにちり」に変わります。

季の鳥

鶴

古来より日本人に親しまれている鳥といえば鶴でしょう。歌や絵画の題材にもなっていますし、「鶴は千年、亀は万年」と長寿の生き物だといわれるように、縁起のよい鳥としても知られています。実際に千年生きることはありませんが、動物園で飼育された鶴は五十年も生きたという記録があるといいます。

鶴は世界中に多くの種類が生存していますが、日本でおなじみなのはタンチョウやマナヅルでしょう。体の白、首と羽根の先の黒、そして頭部の赤のコントラストが鮮やかで、国の特別天然記念物にも指定されています。鶴の飛来地としては北海道の釧路湿原が有名ですが、江戸時代には江戸の町にも飛来していたそうで、安藤広重の浮世絵にもその様子が描かれています。

一時は農作物を食い荒らす害鳥として駆除されたり、開発によって生息地が減少したりしたことで個体数が激減し、絶滅危惧種に指定されていますが、現在では保護活動のおかげで個体数を増やしています。

五十五候　立冬　初候

山茶始開《つばきはじめてひらく》

【新暦】2013年　11月7日～11日
【候の意味】山茶花《さざんか》が咲き始める

季のうた

ひそやかに
下枝《したえ》ばかりにひらきたる
山茶花《さざんか》白く
こぼれたり見ゆ

長塚　節

季の料理

てっちり

冬の味覚のひとつである河《ふ》豚《ぐ》は、日本人が縄文時代から食べている、なじみのある魚のひとつです。およそ百二十種がフグ目に分類されていますが、内臓や皮膚などに猛毒を持つため、食用にならない河豚もいます。このことから「あたると死ぬ」という事実が転じて、河豚を指す「てっぽう」という隠語が誕生したのです。つまり、大阪を中心とする関西圏でよく目にする「てっちり」とは、「てっぽうのちり鍋=河豚ちり」のことなのです。ちなみに河豚の刺身のことを「てっさ」といいますが、これも「てっぽうの刺身」という意味です。

　河豚毒の致死率があまりに高く、十六世紀末に朝鮮出兵のために九州に集まった武士に河豚毒の犠牲者が数多く出たことから、武士の間に河豚食禁止令が出され、江戸幕府成立以降も多くの藩がこれを継続しました。

　長年「通人だけの裏メニュー」だった河豚食が全面解禁されたのは、明治時代になってからのことです。そのきっかけは、下関を訪れた初代内閣総理大臣・伊藤博文が、偶然河豚を食べてそのおいしさに感動したことだといわれています。そこで山口県下では河豚食が解禁され、ほかの地域でも毒を持つ内臓を取り除いた河豚の販売が行われるようになっていきました。

季の花

山茶花《さざんか》

秋から冬にかけて鮮やかなピンク色の花を咲かせる山茶花。実は、赤やピンクに咲くものは園芸用に品種改良されたもので、もともとの野生種は白い花を咲かせます。

　ツバキ科の植物なので、花もツバキとよく似ていますが、決定的な違いがあります。ツバキが花ごと落ちるのに対し、山茶花は花びら

が一枚一枚バラバラになって散るのです。

童謡『たきび』でも歌われており、演歌でもかつて『さざんかの宿』がヒットしたように、日本人にはなじみのある花のようですが、自生しているのは四国や九州だけです。

この山茶花、もとは本来の読みである「サンサカ」が訛《なま》って「サザンカ」と呼ばれるようになったといわれています。また、山茶花をはじめツバキ科の植物には、葉を食べるチャドクガがいることがあります。毒を持った毛に触れると皮膚炎を起こしますので、きれいだと思っても、うかつに花に触らないように気をつけましょう。

季の行事

酉《とり》の市

毎年十一月の「酉の日」に、各地の大鳥神社などで行われる酉の市。「福やお客を多くかき寄せる」という縁起物の熊手を売ることでも知られる、開運招福・商売繁盛を願うお祭りです。

江戸時代から行われているお祭りで、浅草の鷲《おおとり》神社や目黒の大鳥神社、新宿の花園神社などで行われるものが全国的にも有名です。出店で熊手を買うと、あちこちから手締《てじ》めを打つ、威勢のいい掛け声が聞こえてきます。

なぜ十一月の酉の日に行われるのかというのには諸説あり、大鳥神社の祭神である日本武尊《やまとたける》が、東征の戦勝祈願を行った日だからだとも、日本武尊の命日だからだとも伝えられています。十一月にはその年により酉の日が二日か三日あり、それぞれ一の酉、二の酉、三の酉が開かれています。

五十六候　立冬　次候

地始凍《ちはじめてこおる》

【新暦】2013年11月12日〜16日
【候の意味】大地が凍り始める

季の料理

きりたんぽ鍋

日本には郷土料理としていろいろな鍋料理が存在しますが、全国区となっているものはほんのひと握りです。そのなかでも知名度が高く、人気の鍋のひとつとなっているのが、秋田県の名物、きりたんぽ鍋です。

きりたんぽとは、つぶしたご飯を杉の棒に巻きつけて表面

季の句

立冬やとも枯れしたる
藪からし

亜浪

を焼いたもののことで、その形状が、稽古のために穂先を白い布で包んだ槍（たんぽ）に似ていることから名づけられました。

もともとは江戸時代、山の猟師たちがご飯をつぶしてから棒に刺して焼いていたものを、鳥鍋で煮込んで食べたことが、きりたんぽ鍋の始まりだといわれています。それが評判となり、南部藩主の料理番が藩主に献上したところ喜ばれ、「これは何という名の料理だ」と聞かれた料理番が、とっさに先述の槍から「たんぽです」と答え、それを切って食べることから「きりたんぽ」と呼ばれるようになったのです。

鍋のスープは、縄文時代から日本に存在する生粋の地鶏、比内《ひない》鶏の鶏ガラを用いたスープを用いるのが一般的でしたが、一九四二年、その稀少さから比内鶏は天然記念物に指定されてしまい、現在では比内鶏とアメリカ産のロード・アイランド・レッドをかけ合わせた「比内地鶏」を用いるのが一般的となっています。

季のお菓子

千歳飴

子供の成長を祝い、健康を祈願する通過儀礼・七五三。そのお祝いに欠かせないお菓子といえば、鶴亀や松竹梅などが描かれた吉祥柄の袋に入った紅白の細長い飴・千歳飴です。

十九世紀初頭に出版された柳亭種彦の『還魂紙料』によると、元禄・宝永年間の浅草で、七兵衛という飴売りが、細長い飴を「千年飴」「寿命糖」と言って売り歩いたのが千歳飴の起源といわれています。飴が長いことが、「子供の長寿を祝う縁起物」だとして、七五三を迎えた子供に千歳飴を食べさせるようになったのです。

長寿の縁起物のため、切らずに丸々一本食べなければならないイメージがある千歳飴ですが、同じ縁起物である節分の恵方《えほう》巻きとは異なり、切って食べてもルール違反ではありません。

むしろ、千歳飴を一本丸々口に含ませてしまうのは、小さいお子さんには危険ですし、食べきることもできませんので、大人が食べやすい大きさに切ってあげるとよいでしょう。

季の行事 七五三

子供の成長を祝い、子供自身にもその自覚を与えるための儀式が七五三で、男の子は三歳と五歳、女の子は三歳と七歳のときに行います。男児は袴を着て、女児は大人の帯を締めることから、子供から大人の仲間入りをするための儀式でもあります。

現在のように十一月十五日にお祝いするようになったのは江戸時代からで、五代将軍徳川綱吉の長男・徳松の健康を祈願したことが、始まりだとされています。

当時は医療も発達しておらず、乳幼児のうちに亡くなる子供も多く、「七歳までは神のうち」として、子供の成長は神頼みだったといいます。そうしたことから、無事に子供が成長したことをお祝いするようになったといいます。ちなみに徳松ですが、お祝いの甲斐なく、わずか五歳で亡くなっています。

五十七候　立冬　末候

金盞香《きんせんこうばし》

【新暦】2013年11月17日～21日

【候の意味】水仙の花が咲く

季の句

水仙や寒き都の
ここかしこ

蕪村

季の料理

あら鍋（クエ）

高級魚である鯛や河豚よりも、希少価値が高い魚として知られるのが「あら」です。この魚、九州地方では「あら」と呼ばれていますが、関西や関東地方では「クエ」という呼び方が一般的です。一年中獲れる魚ですが、冬になると脂がのって旬を迎えるため、特に九州地方であら鍋というと、河豚の鍋料理「てっちり」をはるかに上回る最高級の鍋とされています。

なぜ、あらが最高級の魚となっているのか。これは、白身の濃厚な味がおいしいことはもちろんですが、普段は海底の岩場に潜んでいて釣り上げるのが難しいからです。そのため、天然もののあらは非常に高価で、100グラムで五千円という値段で取引されることがあるほどです。

ただし、養殖技術が進歩した最近では、産地として有名な和歌山県、佐賀県、長崎県、さらに三重県や静岡県の沿岸部でも養殖が進んでいるため、養殖ものであれば比較的手ごろな値段で入手できます。とはいえ、やはり一度は天然ものを味わっておきたいですよね。

なお、関西ではあら（クエ）に対するブランド意識が高いため、クエと外観がよく似ている「アブラボウズ」という魚をクエに偽装する事件が時折起きるため、購入の際には注意が必要です。

季の花

水仙

ヒガンバナ科スイセン属の花である水仙。お正月に飾る花としても重宝されています。地中海周辺やアフリカ北部が原産です。

黄色や白色の花を咲かせる水仙ですが、実は有毒植物だということをご存じでしょうか。葉や球根にリコリンやタゼチンなどのアルカロイドが含まれているのです。

近年、その葉がニラ、球根がタマネギと似ていることから、誤って食べてしまい、下痢や嘔吐を引き起こす食中毒になるという事件が起きています。実際のニラの葉やタマネギは臭いで区別できますので、くれぐれも誤って食さないようにしましょう。

ちなみに水仙は、学名を「ナルキッソス」といいます。これは、『ギリシャ神話』に登場する美少年ナルキッソスにちなみます。彼は神から罰を受け、水鏡に映った自分の姿に恋をし、憔悴して死んでしまうのです。その後、彼が死んだ場所に咲いたのが水仙だった、ということが由来となっています。

季の行事

出雲大社の神在月

一般的に世間では、十月のことを「神無月」と呼んでいます。これは、全国の神様が島根県にある出雲大社に出かけてしまうため、その土地を留守にしてしまうからだとされています。

ですから、全国の神様の集まる出雲地方では、十月のことを「神在月《かみありづき》」と呼んでいます。

そこで気になるのは、神様が出雲大社に集まって何をしているのか、です。実は神様たちは、人々の幸せである縁を結ぶ「神議《かみはかり》」を行っているのです。

出雲大社では、十一月下旬になると神様を迎え入れる「神《かみ》迎《むかえ》祭」を行い、「神議」が終了する月末になると、「神等《から》去《さ》出《で》祭」を行い、神様は全国に帰って行くといいます。このことから、出雲大社は縁結びのご利益があることでも知られています。

二十節気

冬

小雪《しょうせつ》

【新暦】
2013年
11月22日～12月6日
十月中
神無月《かんなづき》

寒さがすすみ、雪が降り始めるころ。立冬から数えて十五日あたり。この日を目安に、冬支度の準備が始まります。

季のことば

返り花

冬に返り咲きをした花や二度咲きする花を言い表したことば。忘れ花、狂い花、狂い咲きともいいます。「凩《こがらし》に匂ひやつけし返り花」と詠んだのは芭蕉です。また、身請けされた遊女が、また再び廓に勤めに出ることもいいます。遊女を花にたとえることは多く、はかなく哀しい運命が連想されます。

季の野菜

冬野菜

長ネギ、ニラ、カブ……スープやお鍋にして食べると、体が芯からぽっかぽかになりますね。これら冬の野菜には体を温める作用があり、寒さや風邪にとても効果的です。さらに汁物にすることにより、水に溶け出してしまった栄養成分もあますことなく摂取できるというわけです。

ニラの独特の強い香りの正体は、「アリシン」という香り成分です。これは長ネギやニンニクなどにも含まれており、殺菌・解毒作用があるほか、疲労回復に効果のあるビタミンBの吸収を促進させる効果があります。とはいえ、一度に食べ過ぎてしまうと、逆に消化不良の原因ともなってしまいますので、注意が必要です。

また、カブや大根の白い部分にはジアスターゼなどの消化酵素が含まれていますので、胃もたれや胸やけに即効性があります。

栽培技術の進歩によって一年中いろいろな野菜が食べられるようになりましたが、お鍋のレギュラーメンバーともいうべき百合根《ゆりね》、小松菜、水菜、ほうれん草は、冬が旬の野菜です。

百合根は百合の花の鱗茎《りんけい》で、栄養が豊富なため、古くから漢方薬としても食されてきました。

小松菜は東京都江戸川区の小松川近辺で改良された品種で、鷹狩のためその地を訪れた江戸幕府五代将軍徳川綱吉に献上され、小松菜と命名されたという逸話を持ちます。関東生まれのため、関東風のお雑煮には欠かせない野菜といわれています。

対照的に、水菜は京を中心とする近畿地方で栽培されてきた野菜で、クセがない淡白な味わいのため京料理にも広く使われてきました。このため「京菜」という通称も持っています。

五十八候　小雪　初候

虹蔵不見《にじかくれてみえず》

【新暦】2013年11月22日～26日

【候の意味】虹を見かけなくなる

季の料理

鱈《たら》ちり

冬に旬を迎える魚のひとつに鱈があります。脂肪分が少ない身はやわらかく、味も淡白なため、どんな味つけにも合いますし、特に鍋の具材には最適な魚といわれています。

鱈の語源の由来には諸説あり、切っても身が白いことから「血が足りぬ」が転じてタラに

季の句

神無月ふくら雀ぞ
先づ寒き

其角

なったという説や、皮が斑《まだら》模様で、それが「真ダラ」と誤解され、タラになった説などがあります。

鱈はデリケートな魚で、水揚げから都会のスーパーに並ぶまでの短時間でも鮮度が落ちてしまい、わずかに臭みが出ます。

このため、新鮮な鱈を手に入れたら、鱈本来の風味が楽しめるよう、シンプルに鱈ちりで食べることをおすすめします。きっと、これまで知らなかった鱈の魅力に気づくことができるはずです。

なお、鱈という漢字は和製漢字で、古くは「大口魚」と呼ばれていました。これはその名のとおり、自分とそれほど大きさが変わらない魚もぺろりと平らげてしまうことが由来です。

そうしたことから食いしん坊な魚としても有名で、お腹がいっぱいになった状態を表す「たらふく」という言葉の語源になったという説もあります。

みなさんも、鱈ちりがおいしいからといって、あまり食べ過ぎないように気をつけましょうね。

季の野菜

蓮根

レンコンは漢字で書くと「蓮根」と書くため、ハス（蓮）の根だと思われがちですが、正確にはハスの地下茎が肥大化した部分を食用にしたものです。

日本に入ってきたのは奈良時代のことで、そのころに書かれた『常陸風土記』（常陸＝現在の茨城県の大部分）の中の一節にも登場します。同書の「神世に天より流れ来し水沼なり、生ふる所の蓮根、味いとことにして、甘きこと、他所に絶れたり、病有る者、この蓮を食へば早く差《い》えて験《しるし》あり」という一節からもわかるように、当時は薬用としても食べられていました。内部の穴は「通導組織」と呼ばれるもので、空気や酸素を茎や根に送るためのパイプの役目をしています。

水深い泥の中に沈んでいる蓮根は、この穴を通して地上の茎や葉にある穴から空気を取り込んでいるのです。

また、この穴は「見通しがきく」ということから、蓮根はお節料理や祝い事の料理に欠かせない縁起物とされています。

季の祭
新嘗祭《にいなめさい》

新嘗祭とは、古来より天皇が秋の収穫に感謝を捧げ、新米や新酒を天地の神様に捧げ、自らも食す儀式です。歴史は古く、七世紀中ごろから始められたと伝えられています。毎年十一月二十三日に全国の神社で斎行されており、戦前は祝日とされ、現在も勤労感謝の日として祝日になっています。

この祭りは宮中の祭事のなかでも最も重要なものとされ、天皇自らが栽培した新穀を供えます。天皇が即位したのち初めて行う新嘗祭を「大嘗祭《おおにえのまつり》」といいます。

収穫祭は一般民衆の間でも祝う習慣があり、『風土記』や『万葉集』にその様子が描かれています。現在でも能登半島の「あえのこ祭り」や東日本の「十日夜」などの年中行事が残っています。またかつては、新嘗祭までは新米を食べないという風習がありました。

五十九候　小雪　次候

朔風払葉《さくふうはをはらう》

【新暦】２０１３年11月27日〜12月1日

【候の意味】北風が木の葉を払いのける

季の句

北風や石を敷きたる
ロシア町

虚子

季の料理

ほうとう鍋

山が多い日本では、水田をつくることができないため、比較的厳しい環境でも育ちやすい小麦や蕎麦が主食となっている地域が少なくありません。

そうした地域では、蕎麦やうどんなどの麺料理が発展しましたが、なかでも有名なのが、山梨県一帯で食べられている、小麦粉を練って麺状にした「ほうとう」を煮込んだ「ほうとう鍋」です。

この料理は一般的に、味噌仕立ての汁で野菜やほうとうを煮込んだ鍋のことで、主婦が農作業の合間に手早く作れるように、ほうとうはうどんに比べるとコシがそこまで強くなく、やわらかいものとなっています。

このため、ほうとう鍋は平打ち麺が溶けて汁にとろみがあるのが本式とされていて、地元住民からすれば、サラサラの汁のほうとう鍋は邪道だとされています。ただし、市販品にはうどんを使用することがありますから、本式のほうとう鍋を楽しみたい方は、本場山梨まで足を延ばしてみるのもいいでしょう。今では鍋料理以外にも、「冷やしほうとう」といった、「つけ麺」のような料理も誕生しています。

味噌ベースの汁や、野菜をたくさん入れて煮込むほうとう鍋は、栄養バランスに優れているため、二〇〇七年に農林水産省が選定した「農山漁村の郷土料理百選」にも選ばれています。

季の野菜

南瓜《かぼちゃ》

ウリ科カボチャ属の植物である南瓜の原産地はアメリカで、日本には十七世紀ごろに伝わっています。カンボジアから伝わったので「かぼちゃ」という名前がついたのは有名な話ですが、そのときの品種は「日本かぼちゃ」です。現在出回っている、一般的な「西洋かぼちゃ（栗かぼちゃ）」とは異なり、日本かぼちゃはほとんど見かけることはありません。

南瓜が収穫されるのは夏ですが、でんぷんを糖に変える酵素が含まれていることから、収穫してからひと月ぐらい経ったころが食べごろです。

　昔から冬至に南瓜を食べると風邪をひかないといわれますが、これはその時季まで南瓜を保存しておくことができるためでもあります。

　栽培方法は簡単なのですが、花は短い期間しか咲かず、実を収穫するためには人工受粉をする必要があります。

　また、種子（パンプキンシード）も食用になり、そのままナッツのように利用されたり、食用油を取ったりすることもできる万能な植物です。

季の野菜

白菜

　鍋料理の具材として欠かすことのできない冬の野菜が白菜です。
　白菜は食物繊維やミネラルが豊富で、鍋料理以外にも浅漬けやキムチにも利用されています。日本では漬物以外ではあまり生で食すことはありませんが、アメリカなどではサラダとして生のまま利用されています。
　生のままではそれなりの量があっても、鍋で煮込んでしまうと量も少なくなりますし、カロリーも低いので、野菜をたくさん食べたい人やダイエットをしたい人にはうってつけの野菜といえるでしょう。
　白菜の原産地は中国で、江戸時代前には日本にも伝わっていたといいますが、野菜として普及するようになったのは昭和になってからと、意外にも最近のことなのです。

六十候　小雪　末候

橘始黄《たちばなはじめてきなり》

【新暦】2013年12月2日〜6日

【候の意味】橘の葉が黄葉し始める

季の句

青き葉の添う橘の
実の割かれ

草城

季の祭

秩父夜祭《ちちぶよまつり》

秩父夜祭とは、十二月二日、三日に行われる、埼玉県秩父市の秩父神社の冬祭りです。このお祭りは、秩父神社の女神と武甲山の男神が年に一度、秩父公園にある亀の子石で逢瀬をすることをお祝いしています。

江戸時代、秩父の特産品で

ある絹織物の市には、江戸からも多くの商人が集まりました。その市を締めくくる行事として行われるようになったのが、秩父夜祭の由来です。それから秩父の街が絹の生産で経済的な発展を遂げるとともに、お祭りも盛大に行われるようになりました。現在では絹市が行われることはありませんが、そうした歴史から、秩父夜祭りは「お蚕まつり」とも呼ばれています。

　祭礼では豪華な二台の笠鉾と四台の屋台が曳き回されたり、屋台歌舞伎・曳き踊りが上演されたりします。祭りの最後となる二日目の夜には、最大で20トンもある屋台・笠鉾を人々がお旅所《たびしょ》を目指して急な団子坂を登ります。坂を引き上げる様子は圧巻です。山車が坂を登り始めると、冬の夜空に大輪の花火が打ち上げられ、お祭りはクライマックスへと向かいます。

　秩父夜祭はその美しさから、京都の祇園祭、岐阜の高山祭とともに、日本三大美祭のひとつに数えられ、国の指定重要無形民俗文化財にもなっています。

季の植物

橘

　かつては平安京紫宸殿《ししんでん》に植えられており、現在では京都御所などにも植えられている「右近の橘、左近の桜」。そのひとつ、ミカン科ミカン属の柑橘類である橘は、雛人形を飾る雛壇にも桜の対として飾られるように、古来より自生していた日本古来の植物です。しかし、現在では個体数が激減しており、絶滅危惧種に指定されています。

橘は五月から六月に2センチほどの白い花を咲かせます。その後、緑色の実がなり、冬にはみかんのように黄色く熟しますが、酸味が多く、食用にはなりません。

この橘の語源については諸説あります。『万葉集』では、橘は、香り高い花として歌われています。こうしたことから、「香りが立つ花」が「立花」となり、「橘」の文字が当てられるようになったのではないか、という説もあります。

古来からあり、『万葉集』にも多く歌われている由緒ある植物ですが、絶滅危惧種に指定されているのは、なんだかさみしい気持ちになりますね。

季の貝

牡蠣《かき》

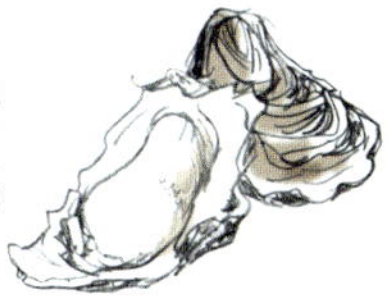

ミネラルやカルシウム、タンパク質が豊富で、「海のミルク」とも称される牡蠣は、生でもよし、焼いてもよし、フライにしてもよし、鍋でもよしと、どんな調理法でもおいしくいただける冬の味覚です。広島県や宮城県が産地として有名ですね。

牡蠣の旬は冬で、英語に訳して「R」のつく月が食べごろだとされています。Rのつかない五月から六月は牡蠣の産卵期にあたるため、食用には適していないといわれるからです。

あまり魚介類を生で食べない欧米においても、牡蠣は生で食されています。日本では縄文時代から食べられていたとされていますが、実は古代ローマでも生牡蠣は食べられていて、養殖も行われていたといいます。あの皇帝ナポレオンも好物だったと伝えられています。

冬

二十一節気

大雪《たいせつ》

【新暦】
2013年
12月7日～21日
十一月節

いよいよ本格的に雪が降り始めるころ。陰暦十一月の異称は霜月《しもつき》。また、冬三カ月の真ん中にあたるため、「中冬」の名前も。

季のことば

初雪の見参《げんざん》

その冬、初めて降る雪を初雪といいますが、「初雪の見参」という言い方もあります。なんだか勇ましいことばですね。それもそのはず、もとは、平安時代に初雪が降った日に群臣が参内したことから発し、その後儀式化したことからきているからです。

季の魚

冬の魚介類

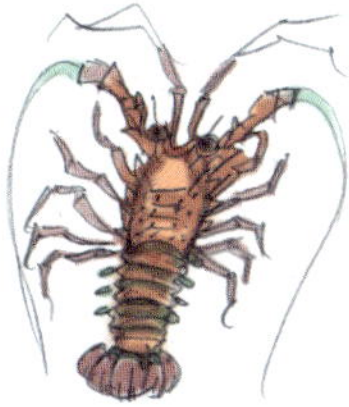

高級食材として人気のある伊勢海老。大きなものは体長が40センチにもなり、ぎっしりと詰まった身は、豪華な姿造りの刺身としてはもちろん、鍋の具材としてもいい出汁が取れますし、肉厚なことから鉄板焼きやステーキとしても食されています。

味はもちろんですが、姿造りとして提供されることから、流通時にはその姿も評価されます。触覚や足が抜けていると、それだけで商品価値が下がり、市場に出回ることはないのです。

伊勢海老はその名のとおり、三重県の伊勢が名産地ですが、漁獲高で多いのは千葉県です。漁期は秋から春先にかけてで、産卵期となる夏場は味が落ちるとされています。

赤貝も冬に旬を迎える魚介類で、江戸前寿司には欠かせない食材です。これは、もともと江戸前（東京湾）で多く捕れたことから一般的な寿司ネタとして広まったといいます。かつては千葉県検見川で捕れた赤貝は高級品とされ、赤貝の別名を「検見川」とも呼んでいました。

季の行事

ゆず湯

冬の季語にもなっているゆず湯は、冬至にゆずを浮かべた湯船に入浴する、江戸時代ころより始まった習慣です。「冬至の日にゆず湯に入ると風邪をひかない」という言い伝えがあり、現代でも家庭や銭湯では、ゆずを浮かべた風呂に入る風習があります。

ゆずを浮かべた湯は、ゆずの皮に含まれる芳香油の作用によって、科学的にも血液の循環をよくして湯冷めを防ぎ、疲労回復や美肌効果があるとされています。

また、風邪の予防だけでなく冷え性や神経痛を和らげる効果があるともいわれています。

果実のゆずは香りと酸味の強い柑橘類で、日本料理においては、伝統的な香辛料や薬味として使用されます。特に皮の部分が多く用いられ、九州地方ではゆず胡椒と呼ばれるゆずの風味を生かした唐辛子ペーストの調味料が知られています。

六十一候　大雪　初候

閉塞成冬

そらさむくふゆとなる

【新暦】２０１３年12月7日〜11日

【候の意味】天地の気が塞《ふさ》がって冬となる

季の料理

ふろふき大根

大根を昆布出汁でじっくり煮込み、味噌だれをつけて食べるふろふき大根。甘みを増した冬の大根だからこそ可能な、期間限定の料理です。

漢字で書くと「風呂吹き大根」となるこの料理。この「ふろふき」と呼ばれる由来には諸説あります。

季の句

冬すでに
路標にまがふ
墓一基

草田男

アツアツの大根に息を吹きかけて食べる様子が、垢をこすり取りやすくなるという迷信を信じて、湯船に浸かるお風呂が定着した江戸時代で一般的であった蒸し風呂の中で体に息を吹きかける仕草と似ているから、という説や、体にもよく値段も手ごろな大根が材料のため、食べると「不老富《ふろうふ》貴《き》」になることから転じたという説など、さまざまありますが、はっきりした由来はわかっていません。この料理は出汁で大根を煮るだけの簡単な料理で、すぐに提供できることから、家庭でも「あと一品料理を出したい」、というときなどに重宝されています。

　また、アツアツを食べることができるので、寒い冬には体を温める料理としてもおなじみです。出汁がたっぷり染み込んだおでんの大根もおいしいですが、あっさり味の昆布出汁で煮た大根に、ちょっと甘めの味噌をつけて食べると、おでんとはまた違った大根の味を楽しめることでしょう。

季の料理

鳥鍋

　今ではさまざまな鍋料理がありますが、そのなかでも古くから親しまれているのが鳥鍋、水炊きです。

　鳥鍋とは、鶏肉や鶏がらから出汁を取る鍋のことで、最近は各地の地鶏を使った鍋が多く登場しています。九州の博多では、この料理は慶応年間より親しまれてきた、という長い歴史があり、別名を「博多煮」と呼ぶこともあります。それが明治時代に入り、西洋料理のコンソメと鶏がらスープをアレンジして提供したことで、今の博多水炊きが完成したといいます。

当時の博多では、鳥鍋に使う鳥は宮崎と鹿児島産のものに限られていたそうで、今では夏でも鳥鍋を食べるなど、冬場に限らず、一年中味わえる料理となっています。ちなみに水炊きとは、水から煮立たせる料理だから「水炊き」と呼ばれています。鍋を楽しんだあとは、うどんを入れたり、ご飯を入れれば雑炊としても楽しめます。そこに卵を落とせば、ちょっと変わった「親子丼」にもなります。

季の行事

針供養

冬の行事として知られる折れた縫い針を神社に納めて供養する慣習です。十二月八日と二月八日は「事八日」と呼ばれ、慎みをもって過ごす農耕の始まりと終わりの日とされていました。この日は針仕事を休むべきという風習から、十二月八日、または二月八日に行われ、関西や九州地方では十二月、関東地方では二月が通常でありましたが、近年では両日に行う神社もあります。

供養の方法は地域によって異なり、折れた針を神社に納めたり、豆腐やこんにゃくなどに刺したりさまざまです。また、北陸地方では「針歳暮」とも呼ばれる、まんじゅうやあんこ餅を食べたり贈ったりする風習もあります。針仕事が減り、家庭行事としては行うことが少なくなりましたが、和裁や洋裁の学校では現在も行われています。

六十二候　大雪　次候

熊蟄穴《くまあなにこもる》

【新暦】2013年12月12日〜16日
【候の意味】熊が冬眠のために穴に隠れる

季の句

餌を欲りて
大きな熊となって立ち

汀女

季の事件

忠臣蔵

「忠臣蔵」は、江戸時代中期に起きた元禄赤穂事件を題材にした歌舞伎、人形浄瑠璃の演目で、映画やテレビドラマ、舞台として、ほぼ毎冬作品化されています。

元禄十四年三月に江戸城殿中松之大廊下で赤穂藩藩主・浅野内匠頭が高家《こうけ》肝煎《きもいり》・

吉良上野介に刃傷に及び、浅野は切腹のうえ赤穂藩は改易、吉良はお咎めなしとなったことが、歴史上での元禄赤穂事件の発端です。この裁きを不服に感じた赤穂藩家老・大石内蔵助をはじめとする赤穂浪士四十七名が、元禄十五年十二月十四日未明に吉良邸へ討ち入り、主君の仇を返し、その後見事切腹しました。

この仇討ちの顛末が江戸の民衆に大いに受け、歌舞伎などでは「忠臣蔵物」というジャンルが形成されました。しかし当時は、幕府から武家社会の事件を上演することが禁じられていたため、太平記の時代を舞台とした『仮名手本忠臣蔵』などが作品の中心でした。

その後、幕府崩壊後の明治から昭和以降は実名での上演が可能になり、歌舞伎や講談、浪曲などでの演目として庶民の間で大人気となり、戦前、戦後にかけては八十本以上もの作品が映画として制作されました。また、NHK大河ドラマにおいても四度制作されるなど、現代に至るまで、なお国民的人気を誇る題材として知られています。

季の料理
モツ鍋

日本では仏教の影響から肉食が制限されていましたが、例外的に、イノシシや熊といった、農作物に被害を与える害獣は駆除することが許されており、それらの動物の肉を栄養補給のため、「薬食い」と称して食べる習慣は古くから存在しました。

ただし、農耕の大切な労働力でもある牛を食べることは長年タブー視されており、牛肉が食されるようになったのは、明治天皇が牛肉をお食べになったことから解禁されました。

牛の内臓を使ったモツ鍋は、中国や朝鮮半島との交流が深い福岡県で誕生しました。この場所でモツ鍋が普及した背景には、近代化によって福岡県一帯に炭鉱や重工業の工場が集中し、安くて栄養価が高く、さらにボリュームがある食べ物を求める肉体労働者が多かったからだとされています。

近年では、そのほかの地域でも「モツ鍋ブーム」が起こり、モツ鍋専門店が多くオープン。今では全国各地で食べられる鍋料理となったのです。

季の動物 熊

日本に生息する最大の陸棲哺乳類であり、北海道にはヒグマ、本州などではツキノワグマの二種類がよく知られています。雑食性で動物の肉や果実、木の実などを食べ、寿命は二十年から三十年ぐらいといわれています。

古来より、漢方薬として熊の胆のうを原料にした「熊胆《ゆうたん》」が強壮剤や解熱剤として、熊の手のひら「熊掌」が高級食材として珍重されてきました。また、昔話の「金太郎」に登場したり、年老いた熊は鬼熊に変化するという言い伝えがあったりと、日本人にもなじみの深い動物として知られています。

近年では、山間部と人間の居住域を分ける里山が失われてきているため、冬ごもりの食糧を得ようとしたクマが人里で人間と接触したり、農作物を食い荒らしたりする問題が深刻化しています。

六十三候　大雪　末候

鱖魚群《さけむらがる》

【新暦】2013年12月17日～21日

【候の意味】鮭が群がり川を上る

季の句

鮭のぼる古瀬や霧のなほまとふ

秋桜子

季の魚

鮭

冬の魚の代表格の鮭。北海道や東北地方では、十月ごろから生まれた川に遡上してくるため、近海では鮭の漁も盛んになります。

食材としても、北海道では石狩鍋の主役になりますし、塩焼きやムニエル、フライとしても調理されます。そして忘れてはならない食材が鮭の卵。筋子やイクラとして食されています。

　また、刺身や寿司ネタとしても使用されていますが、寄生虫がいるおそれがあることから、冷凍したものか、無菌状態で養殖されたものしか使用されていません。

　鮭の高級魚として、「鮭児《けいじ》」と呼ばれる個体が存在します。これは脂ののった若い鮭のことで、一万匹捕獲して一匹いるかどうかといったもの。通常の鮭の脂肪率が2～15パーセントなのに対し、鮭児は30パーセントもあるといいますから、どれだけおいしいかが想像できます。

　川で生まれた鮭が海に出て回遊し、また生まれた川に戻ってくることは有名ですが、なぜ生まれた川がわかるのか不思議ですよね。

　これは、「匂いで生まれた川がわかる」という説が有力となっています。ちなみに鮭の身は赤いですが、これはカニやエビなどを食べたことで、赤い殻に含まれる「アスタキサンチン」が蓄積するからで、本来は白身の魚です。

季の料理

北海鍋

鮭やカニ、帆立や鱈など、北海道の海の幸を味噌仕立ての出汁でじっくり煮込んだ鍋を、北海鍋といいます。魚介類の生臭さを消してコクを出すために、牛乳やバターを隠し味に使う場合も多く、一般的な鍋の締めが雑炊であるのに対し、北海鍋の締めはラーメンを用いることが多いそうです。
　この北海鍋のほかにも、鮭をメインにした石狩鍋や、そこに

豚肉をプラスした十勝鍋など、北海道にはそれぞれの地域の名前がついた味噌仕立ての鍋が数多く存在しています。

　北海道で味噌が料理によく用いられるのは、寒さで血管が収縮したことで下がった血圧を手っ取り早く上昇させるために、塩分を摂取するためです。

　本来は味噌よりも醤油のほうが塩分濃度は高いのですが、醸造の手間がかかる醤油よりも味噌のほうが家庭で手軽につくることができるため、人々が厳しい開拓生活に耐え、慎ましく暮らしていた北海道では、他の都府県よりも味噌の味つけが普及したのです。

季の行事

羽子板市

厄払い、魔除けの風習として飾られる正月の飾り羽子板を売る年の瀬の市。
　羽根つきの道具であった羽子板が、厄払いの縁起物として使われるようになったのは室町時代からです。羽子板でつく羽根が害虫を食べるトンボに似ているから、かたい豆の部分を「魔滅《まめ》」になぞらえたから、などが発祥の説で、さらに江戸時代に入ると歌舞伎役者などをかたどった押絵羽子板が流行しました。そして、明治以降は羽子板の製作技術もさらに発達し、昭和六十年には江戸押絵羽子板として東京都の伝統工芸品に指定されました。
　平成の現在も、歳の市から発展した東京の冬の風物詩である浅草・浅草寺の羽子板市は、「納めの観音ご縁日」の前後を含めた年末の十二月十七日から十九日まで行われ、多くの人で賑わっています。

冬

二十二節気

冬至《とうじ》

【新暦】
2013年
12月22日~2014年1月4日

十一月中

霜月《しもつき》

一年で最も昼が短い日。古代では一年の始まりとするときも。一年で最も長い夜の日です。

季のことば

冬至梅《とうじばい》・初茜《はつあかね》

冬至のころに白い花を咲かせる梅の一種を「冬至梅」といいます。寒さが厳しくなり花がすっかり姿を消したなかで咲く、可憐な早咲きの冬至梅は、この時季、華道や茶花の大事な花です。「初茜」は初日の出前の空が明るく輝く様子をいいます。旧暦ではまだまだ先ですが、新暦ではもうすぐお正月です。

季の魚

カマス・ボラ・鰤《ぶり》

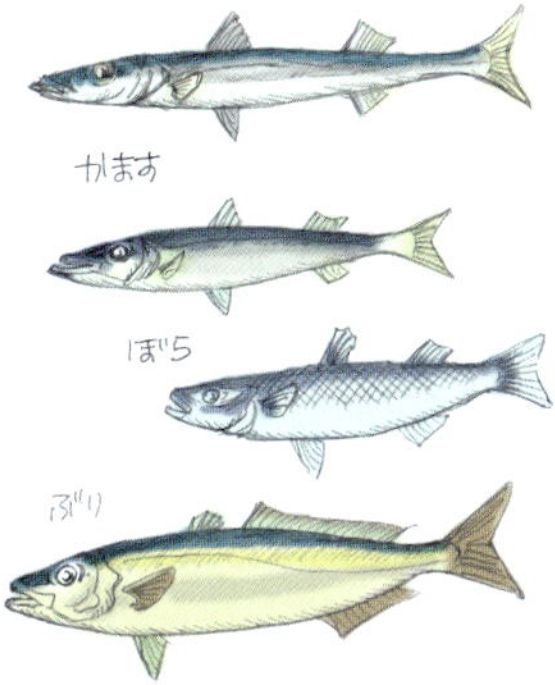

細長い体が特徴のカマスは、スズキ目カマス科に分類される魚です。塩焼きなどにされて食卓に上りますが、身は水っぽいため、刺身には適していません。秋から冬にかけて脂がのっておいしくなるため、「秋ナスは嫁に食わすな」と同様に、「秋カマスは嫁に食わすな」とも。

同じくスズキ目でアジ科に分類される鰤も、冬になると食卓に上る魚で、成長時期によって名称が変化することから、「出世魚」としても知られています。関西では縁起のいい魚として、お節料理としても食べられます。刺身や焼き物、煮てもおいしいですし、鰤のしゃぶしゃぶなど、その食べ方はさまざまです。

ボラ目ボラ科のボラも出世魚です。ボラは成長して「トド」に名称が変わると、それ以上は成長せず名前が変わらないことから、「トドのつまり」という、「行きつくところがない」との意味をもつことばの由来にもなっています。

季の行事

みかん風呂

冬になると、食べたみかんの皮をネットなどに入れて湯船に浮かべ、「みかん風呂」を楽しんだことがある人も多いでしょう。みかんをまるごと浮かべたり、果実を切って浮かべたりする入浴方法もあります。

みかん風呂に入ると、血行促進や風邪の予防、冷え性の改善やリウマチ・神経痛の緩和になるといわれていて、肌もスベスベになるように、美肌・美容効果もあるといわれます。これは、みかんの皮に含まれるリモネンという成分やビタミンC、クエン酸などが水に溶けて効果を発揮するからです。成分を十分に出すためには、みかんの皮を天日干しにするといいでしょう。

また、血行促進などの効果を期待するには、熱いお湯に浸かるより、ぬるめのお湯に長時間入っているほうが、より効果があります。

ただし、敏感肌の人は要注意です。リモネンが肌にピリピリとした刺激を与えることがありますので、刺激を感じたら長湯は禁物です。

六十四候　冬至　初候

乃東生《なつかれくさしょうず》

【新暦】２０１３年12月22日〜25日

【候の意味】夏枯草《かごそう》が芽を出す

季の句

沓軋《きし》り現れしアイヌと
氷下魚《こまい》釣る

三鬼

季の料理

しゃぶしゃぶ

しゃぶしゃぶといえば、誰もが知っている人気の鍋料理で、最近では食べ放題のしゃぶしゃぶ店も多く登場しています。具材も豚肉や牛肉、カニや鯛などの魚介類も楽しめるとあって、家族連れや若者で賑わっています。

具材をサッと湯通しして、ご

まダレやポン酢などをつけてさっぱりと食べるのが一般的です。

　この「しゃぶしゃぶ」という名前は、昭和二十七年に大阪のレストラン「スエヒロ」が付けたとされています。この料理は、夏場になると焼き肉の売り上げが落ちることから、それにかわった肉料理として考案されたといわれています。つまり、今は冬の鍋料理として定着していますが、当初は夏場に食べるように作られた料理だったのです。

　このしゃぶしゃぶは、起源については諸説あります。もともと中国の火鍋料理で、羊の肉を煮込み、濃いめのタレをつけて食べる料理があったといいます。ですが、火が通るまで時間がかかることから、中国に渡っていた人たちが戦後になり帰国し、羊の肉を薄く切った牛肉にかえ、さっと湯通しした料理を広めたともいわれています。今では当たり前の料理ですが、当時は画期的で、スエヒロには連日のように行列ができたそうです。

季の植物

千両・万両

　正月が近くなると縁起物として販売される、冬に真っ赤に熟する果実が美しい植物です。
　万両は、高さ1メートルほどのヤブコウジ科の植物で、葉の下部分に赤い実がついています。江戸時代に品種改良された古典園芸植物の一種で、めでたく、景気のいい名前をつけられた植物ゆえに、商売繁盛を願った正月の飾り物として使われます。

千両は、高さ0・5〜1メートルほどのセンリョウ科の植物。江戸時代までは「仙蓼」と呼ばれており、葉の上のほうに実がなります。

一説によれば、万両は実が茎から垂れ下がり、千両は実が上部のほうになるために、万両のほうが「実が重い」と考えられ、この名前がついたともいわれています。

同じ仲間で百両（カラタチバナ）や十両（ヤブコウジ）、一両（アリドオシ）なども存在しますが、いずれも千両や万両よりも背が低く、実の数も少ない植物です。

冬の魚

氷下魚《こまい》

氷の下の魚と書いて「コマイ」。タラ目タラ科の魚で、別名を「寒海《かんかい》」ともいいます。日本海やオホーツク海、ベーリング海などの寒い海に生息していて、水面に張った氷を割って漁獲していたことから、この漢字が当てられるようになりました。

一月から三月にかけて捕れる魚で、北海道では鮮魚が出回ることもありますが、関東や関西などに出回る氷下魚は、干物として加工されたものが一般的です。

冬になると居酒屋のメニューとしても出回るようになりました。干物はそのまま食べることができます。また、鮮魚なら煮付けや塩焼きとしてもおいしい魚ですが、肉や内臓に独特の臭みを持っているので、人によっては好き嫌いが分かれるでしょう。また、卵巣も珍味として食されています。

六十五候　冬至　次候

麋角解《しかのつのおつる》

【新暦】2013年12月26日〜30日

【候の意味】大鹿が角を落とす

季のうた

夜もすがら
鹿はとよめて
朝霧に
たふとく白く立ちにけるかも

長塚節

季の料理

すき焼き

ごちそうの代名詞でもあるすき焼き。関東と関西では、牛肉料理だという点は同じなのですが、実は調理法が違います。醤油ベースの「割下」で牛肉を煮込む関東風と、一度焼いた肉に醤油や砂糖を絡める関西風の、主にふたつの調理法に分類されています。

なぜ同じ名前の料理なのに、地域によって異なる調理法になっているのか。それは、すき焼きのルーツにあります。

　関東風のすき焼きは、明治時代の横浜で誕生した「牛鍋」をルーツに持っていて、関西風のすき焼きは、鋤《すき》の上で肉や野菜を焼いた「鋤焼き」という料理が起源となっているからです。

　牛鍋の場合、当時は肉の品質や処理技術が未熟だったため、牛肉特有の臭いがきつく、それをごまかすために味噌や醤油など濃いめの味つけで煮込んだそうです。一方、鋤焼きのほうも、焼いて香ばしい匂いを立てることで、獣臭さを緩和したと考えられます。

　ちなみに有名な話で、坂本九の名曲『上を向いて歩こう』が海外で売り出された際には『SUKIYAKI』というタイトルに変更されました。これは、発売を手がけたイギリスのレコード会社の社長が、日本のすき焼きのおいしさに感動したからだといわれています。

季の魚

鮪《まぐろ》

　魚好きの日本人にとってなくてはならない魚のひとつが鮪です。その歴史は古く、縄文時代の貝塚から鮪の骨が出土しているだけでなく、『古事記』に「潮瀬の波折《なおり》を見れば遊び来る鮪《しび》が鰭手《はたで》に妻立てり見ゆ」という和歌が収められているほど、日本では昔から食べられていました。

　ただし、時代が下ると鮪の

古語である「シビ」は「死日」に通ずると考えられるようになった上、鮮度が落ちやすい魚のため冷凍技術がなかった時代には水揚げから都市部で販売されるまでにかなり味が落ちてしまい、下等な魚として扱われていました。

　現在では高値がつくトロにいたっては、赤身部分よりもさらに腐敗しやすく当時の人々には脂がきつい点が敬遠され、猫も食べない「猫またぎ」と評されていたそうです。

　冷凍技術の進歩と食の欧米化によって高級魚に出世した鮪は一年中食べられますが、基本的には秋から冬にかけてが旬とされています。

季の動物

大鹿

鹿は秋の季語として『古今和歌集』や『新古今和歌集』などの和歌に詠まれ、歌集に収められており、日本人になじみの深い野生動物です。

　縄文時代より猪と並ぶ狩猟対象であった鹿は、花札の十月に紅葉とともに描かれているように、秋を連想させることから、その肉は「もみじ」と呼ばれ、現代でもさまざまな料理に使用されています。弥生時代や古墳時代の日本の神話や伝承においては、鹿は霊獣として扱われることが多く、豊作を祈って水田に遺体や血を捧げる儀式が描かれていたり、銅鐸や埴輪のモチーフとして登場したりしています。

　また、奈良・興福寺の鹿は神の使いである神鹿《しんろく》として有名であり、天然記念物として保護されていることでも知られています。

六十六候　冬至　末候

雪下出麦《せつかむぎをいだす》

【新暦】２０１３年12月31日～２０１４年１月４日

【候の意味】雪の下で麦が芽を出す

季の句

初詣鳥居の影を人出づる

虚子

季の料理

年越し蕎麦

日本では、大晦日の夜に家族で食卓を囲んで蕎麦を食べて、去りゆく一年に思いを馳せる習慣があります。この風習は「年越し蕎麦」として知られていますが、では、なぜ大晦日に蕎麦を食べるのでしょうか。

それには、「蕎麦のように細く長く生きられるように」、

「蕎麦が切れやすいように、旧年の悪縁を断ち切れるように」、さらには、金細工師が部屋に飛び散った金粉を集める際に練った蕎麦粉を使った故事に倣って、「金運が身につくように」などなど、年越し蕎麦を食べる理由としては諸説が混在していますが、どの話も「縁起を担ぐ」という点では共通しています。

江戸時代の中期ごろには年越し蕎麦を食べる風習があったといいます。本来は夕食として、新年を迎えるまでに食べるものだともいわれていますが、地域によっては年が明けた正月に食べるところもあるようです。

なお、年越し蕎麦は縁起物ではありますが、幸せを「祝う」のではなく「祈る」料理なので、お節料理とは違い、喪中の家庭でも食べることができます。むしろ、年越し蕎麦を食べて少しでも長生きすることが、亡くなったご家族やお身内に対する何よりの供養になるかもしれませんね。

季の行事

初詣

新年の無事と平穏を祈願するために、年が明けて初めて神社仏閣に参拝することを初詣といいます。あくまでもその年初めての参拝のことを指すため、たとえ五月であっても初めてなら立派な初詣ですが、一般的には正月三日から松の内(一月七日)までに参拝することを初詣というようです。

なお、現在では近所の

神社ではなく、あえて足を延ばして有名な大神社で初詣を行う人も多いようですが、このように参拝先を選べるようになったのは明治時代に入ってからで、江戸時代には「恵方参り」といって、その年の恵方の方角にある神社仏閣に参拝することが普通でした。

なお、神社と寺院のどちらに参拝するのが正式な初詣なのか悩む人がいるかもしれませんが、日本では長い歴史の中で神道と仏教の融合である神仏習合が起こったため、どちらを参拝しても初詣になります。ただし、喪中の人は障りがあるため神社への初詣は控えたほうがよいでしょう。

季の行事

除夜の鐘

普段は早寝早起きでも、大晦日の夜は除夜の鐘の音を聞きながら新年を迎える人が多いのではないでしょうか。

除夜の鐘とは大晦日から元旦にかけての深夜に寺院の梵鐘を百八回鳴らすことですが、その理由は意外なことに不明です。

まずは除夜の鐘の回数ですが、人間の煩悩の数という説や四苦八苦の象徴（4×9）+（8×9）=108という説などがあり、定説は存在しません。

ただし、寺院の梵鐘の音には苦しみを断ち切り、心を浄化する作用があると考えられているため、除夜の鐘は新しい気持ちで新年を迎えるための儀式ともいえるでしょう。また、戦時中は金属供出のため鐘を失い除夜の鐘をつけない寺院も多かったため、除夜の鐘の音は平和の響きでもあるのです。

冬

二十四節気

小寒《しょうかん》

【新暦】
2014年
1月5日～19日
十二月節

最も寒い時季の始まり。陰暦十二月の異称は師走《しわす》。また、冬三カ月の終わりにあたる月のため、「晩冬」ともいいます。

季のことば

寒の入り・山茶花《さざんか》散らし

毎年一月五日、六日あたりが寒の入りになります。冬の寒さが厳しい時季ですから、季節の挨拶としてこの日から出すのが寒中見舞いになります。冬の花の代表格である山茶花でさえ、その花を散らせてしまうのが、この時季に降る冷たい雨。そのためこの雨を「山茶花散らし」といい、「山茶花梅雨」とも。雨も風も冷たい季節です。

季の料理

お節料理

最近は作るよりも購入する家庭が多くなったお節料理。もともとは一年に五度ある季節の節目（節句）に食べられる特別な料理が起源で、やがて新年を祝う正月に食べる料理のことを特にお節料理と呼ぶようになりました。

普段台所で忙しく働いている女性が正月の三が日ぐらいはゆっくり休めるように、という配慮から、お節料理は作り置きができる煮しめ物を中心に構成されています。

江戸時代のお節料理は膳に盛って供されていて、現在のように重箱に詰めるようになったのは明治以降だそうです。

何をどの順番で詰めるのかは地域や家庭によってルールが異なりますが、たとえば定番の黒豆は「まめまめしく働く」、蓮根の煮染めや酢の物は「先を見通す」、栗きんとんは「金運がつく」、数の子は「子孫繁栄」など、それぞれ異なる願いが込められているのです。

季の暮らし

振り袖

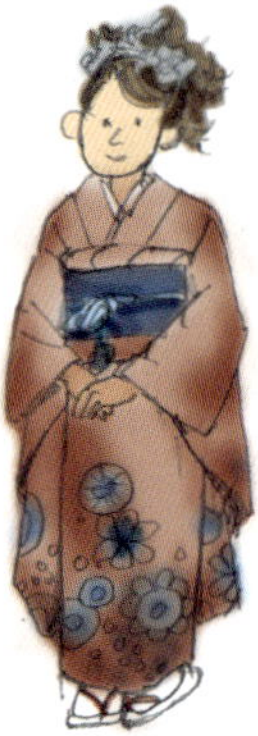

長い袂《たもと》を持つ振り袖は、未婚の成人女性の第一級礼装とされています。現在では、成人式の日に初めて着用する女性が多いのではないでしょうか。

振り袖は江戸時代中期に誕生したデザインですが、当初は男女を問わず若者が着用する着物だったそうです。

時代が下ると幼い子供か十八歳未満の女性のファッションとして定着しました（歌舞伎役者のような華やかさが求められる成人男性は別）。

ただし、江戸時代の女性は十八歳を超えると、未婚であっても振り袖の袂を切って留袖にしました。これは、当時の女性の結婚適齢期が十代半ばで、十八歳を過ぎた女性は年増扱いされたため。つまり、「いい年をした女性が若者のファッションである振り袖を着用するのは若づくりのようで見苦しい」と見なされたというわけです。

六十七候　小寒　初候

芹乃栄《せりさかう》

【新暦】２０１４年１月５日～９日

【候の意味】芹がよく生育する

季の句

鷽替《うそか》えに楠《くす》の夜空は
雪こぼす

朱鳥

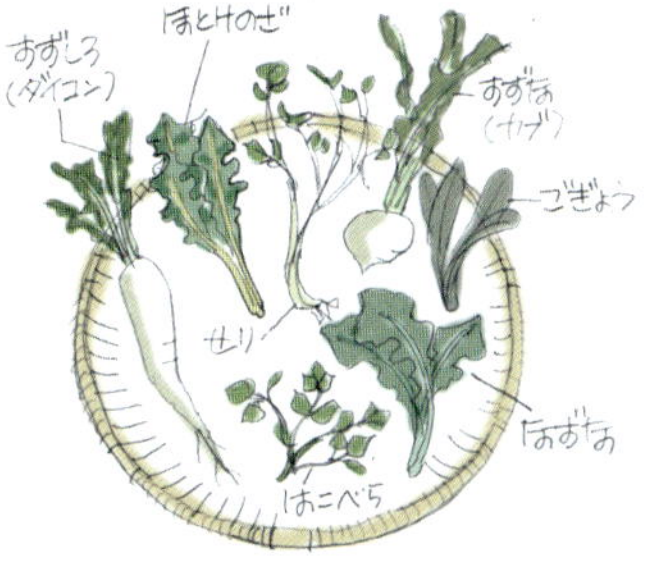

季の植物

春の七草

春の七草とはセリ・ナズナ（ぺんぺん草）・ゴギョウ（母子草）・ハコベラ・ホトケノザ・スズナ・スズシロの七種類の野菜のことです。

日本には古来より、五節句のひとつである人日《じんじつ》の節句（一月七日）の朝に、「七草粥」と呼ばれる、これら七種の野菜が入ったお粥を食べる風習があり、邪気を払い万病に効くとされていました。この風習には、お節料理で疲れた胃を休ませ、野菜が乏しい冬場に不足しがちな栄養素を補うという側面もあります。江戸時代ごろには武家や庶民にも定着し、幕府では公式行事として、将軍以下すべての武士が七草粥を食べる儀礼を行っていました。しかし、現在ではこの風習は廃れつつあります。

　セリはお浸しや鍋物などにして食されることが多く、ナズナは実の形が三味線のバチに似ていることから、「ぺんぺん草」という名で知られています。ゴギョウは葉や茎に銀白色のうぶ毛が密生している野菜で、ハコベは茎の色が紫がかっているのが特徴。春の七草のホトケノザはキク科の草ですが、現在ではホトケノザといえばシソ科の植物のことを指します。スズナとスズシロは、それぞれカブと大根の葉のことで、スズシロは炒め物にして食べると栄養の吸収がいいといわれています。

季の植物

セリ

春の七草としてもおなじみのセリ。最近では時季になるとスーパーなどでも売られていますので、食べたことがある人も多いでしょう。

　セリ科セリ属の植物で多年草草本であるセリは、小川や沼地など、湿地帯に自生していて、夏になると白い小さな花をたくさん咲かせます。七草粥として食べる以外にも、その

ままお浸しやサラダなど、生のまま食すと食欲増進などの効果が期待できます。注意したいのは、「ドクゼリ」と間違えないようにすることです。

昔から、「五月のセリは食べるな」という言葉があります。これは、セリとよく似た植物で、食べると呼吸麻痺やけいれん、嘔吐などの症状を引き起こすドクゼリが五月になると伸び始めるからです。ドクゼリは根茎が太く緑色で、節が筍状になっているほか、茎が丸く、中が空洞になっているなどの違いで見分けられますので、間違って食さないようにしましょう。

季の行事

鷽《うそ》替《か》え

鷽替えとは、太宰府天満宮（福岡県）、亀戸天神社（東京都）、大阪天満宮（大阪府）などの菅原道真を祭神とする神社（天満宮）で主に行われる神事で、木彫りの鷽を「替えましょ、替えましょ」というかけ声とともに取り替えるというお祭りのことです。鷽が「嘘」に通じることから、前年の災厄・凶事などを嘘とし、当年は吉となるよう祈念して行われます。

道真と鷽のかかわりについては、蜂に襲われた道真を鷽の群れが蜂を食べて救ったという説など、諸説あります。

多くの神社では正月に行われ、太宰府天満宮では一月七日の酉の刻、亀戸天神社では一月二十四、二十五日に行われます。また、道真が仁和二年（八八六年）から讃岐守を務めた滝宮天満宮（香川県）では、四月二十四日に行われています。

六十八候　小寒　次候

水泉動《すいせんうごく》

【新暦】2014年1月10日〜14日

【候の意味】地中で凍った泉が動き始める

季の句

冬枯れや雀のありく
戸樋の中

太祇

季の料理

湯豆腐

奈良時代に中国から製法が伝わった豆腐は、仏教の普及によって肉食が制限された日本では貴重なタンパク源として重宝されており、さまざまな豆腐料理が創作されてきました。なかでも江戸時代、一七八〇年代に百種類の豆腐料理を紹介したレシピ本『豆腐百珍』

が出版されると、一大豆腐ブームが巻き起こったそうです。

そうした豆腐料理の代表格ともいえるのが、昆布出汁で温めた豆腐に薬味やツケだれをつけて食べる湯豆腐です。豆腐はヘルシーですし、体も温まり、さらには熱燗とも相性がいいので、手軽に食べられる冬の鍋料理の定番メニューになっています。また、豆腐本来の味を楽しむためにも、湯豆腐は最適な料理だといえるでしょう。

日本の仏教界のなかでも特に戒律が厳しい禅寺で誕生した湯豆腐は、禅寺が林立する京都の名物料理として発展しました。今でも京都の南禅寺一帯には、数百年の歴史を持つ湯豆腐屋さんが軒を並べていて、多くの観光客で賑わっています。

ちなみに、調味料で味を調《ととの》えた出汁で煮た豆腐料理のことを「煮奴」と呼びます。この料理と区別するために、豆腐を冷やしただけの料理を「冷奴」と呼んでいるのです。

季の花

柊《ひいらぎ》の花

柊の花は小ぶりで控えめですが、同種のキンモクセイに似たよい香りのする、白い小花です。十一月から十二月に花が咲くことから、「柊の花」は冬の季語として俳句などにもよく詠まれています。

そもそも、柊という名は、痛みを表す古い言葉の疼《ひいら》ぐが語源で、葉の棘に触れると疼痛

を起こすことから名づけられました。

柊の葉の棘はとても鋭いため、節分に鰯の頭をつけた柊の枝を玄関先に挿しておくと、鬼を退散させる魔除けの効果があるといわれており、「柊挿す」という節分の季語もあります。

日本だけでなく海外でも魔除けと見られており、柊の英語名「holly」は「神聖な（holy）」ということばが由来です。「用心深さ」「保護」といった柊の花言葉は、こうしたイメージからきています。

季の行事

鏡開き

鏡開きとは一月十一日に今年一年の一家円満を願いながら、神様に供えた鏡餅をお下がりとしていただくという風習のことです。飾っておいて固くなった餅を、かなづちなどで叩いて細かくしますが、鏡餅には歳神様が宿っているので、神様との縁を切らないように「割る」や「砕く」とはいわず「開く」と、縁起のよい表現を使います。

餅は「望月（満月）」に通じ、その丸い形が家庭円満の象徴とされたことから、もともと正月や祝い事などの「ハレの日」のための特別な食べ物とされており、のちに縁起物としてお正月に飾られるようになりました。

また、鏡餅を食すことを「歯固め」といいますが、これは固いものを食べて歯を丈夫にし、歳神様に長寿を願うことからといわれています。

六十九候　小寒　末候

雉始雊《きじはじめてなく》

【新暦】2014年1月15日～19日

【候の意味】雄の雉が鳴き始める

季の句

雉《きじ》の眸《め》のかうかうとして売られけり

楸邨

季の料理

アンコウ鍋

アンコウ「西の河豚、東のあんこう」と称されるように、関東を代表する高級魚です。特に有名なのは、プランクトンが豊富な茨城県の鹿島灘で水揚げされるアンコウで、アンコウ鍋は県を代表する冬の名物料理となっています。

見た目はややグロテスクです

が、アンコウは「捨てるところのない魚」といわれていて、身はもちろん、皮や胃袋、卵巣なども鍋の具材として食されています。

また、背骨周りも出汁を取るのには最適で、食べられないのは骨と顔だけだとされています。

ただし、アンコウはコラーゲンが豊富で皮のぬめりが強い上、生息地である深海の水圧に耐えられるように、非常に柔軟な体をしています。このため、普通の魚のようにまな板の上でさばくのは困難で、下顎に鉤針をひっかけてつるし、アンコウを回転させながらさばく「つるし切り」という方法がとられるのが一般的です。

また、アンコウの肝は「海のフォアグラ」とも称されるほど濃厚な味の珍味で、単品で食べても大変な美味ですが、アンコウの水揚げが多い北茨城市や大洗町では、肝を加えた特製アンコウ鍋「どぶ汁」として食べられるお店が多数存在します。

季の鳥

雄のキジ

日本の国鳥であるキジは日本では北海道と対馬を除く本州、四国、九州に生息しており、長い尾が特徴です。日本人とかかわりの深い鳥として、昔から「桃太郎」などいろいろな話に登場しています。

体長は雄が80センチほどで、雌は60センチほど。雄のキジは茶褐色の翼と尾羽を除いて全体的に濃い緑色をしており、頭部は青緑色で、目の周りには赤い肉腫があります。しかし、繁殖期になると、この赤い肉腫が肥大化して顔が鮮やかな赤色になり、縄張り争いのために同種のオスを含めた赤いものに対して攻撃的になります。その際に雄が発する「ケーン」という大きな鳴き声は、いわば縄張り宣言であり、その後に両翼を広げて胴体に打ちつけ羽音を立てる動作は「母衣打《ほろう》ち」と呼ばれます。

　ちなみに、キジには地震予知能力があるとされており、「朝キジが鳴けば雨、地震が近づけば大声で鳴く」といわれますが、これは足の裏に震動を敏感に察知する感覚細胞があるためです。

季の行事

初釜

初釜とは新年最初に行うお茶会のことで、茶道の稽古始めに当たる日を指します。この日は稽古仲間がおのおの晴れ着姿で集まり、濃茶、薄茶、懐石料理などをいただいて新年をお祝いします。茶人は、元日の朝に初めて汲む若水で釜を開き、新年の挨拶がすんだ十日ごろ、客を招いてその年初めてのお茶を振る舞うのです。

　初釜の席にはいくつか約束事があり、たとえば床の間の掛け軸は初春にふさわしい語句、和歌などの典雅なものを掲げます。花は結び柳に椿と決まっており、柳は床の間の天井近くから途中で輪に結んだうえで、床畳に豊かに流れるほどの長い枝を使います。初釜の招待者は、未婚女性なら振り袖ですが、既婚女性は紋付きの色無地程度の格式の着物を着用します。

冬

二十四節気

大寒《だいかん》

【新暦】
2014年
1月20日～2月3日

十二月中

師走《しわす》

一年で最も寒さが厳しいころ。陰暦十二月の異称には「雪月」という言葉もあります。

季のことば

三寒四温

三寒四温とは、この時季、三日寒い日が続くとそのあと四日暖かい日が続き、その七日間が繰り返される気候のことです。ただし、これは中国北東部や朝鮮半島でよく見られる現象で、実際には日本ではこの時季に一度あるかないかという程度です。中国伝来の言葉はそのまま当てはまりませんが、日本では大雑把に、寒暖の気候の繰り返しを三寒四温と呼んでいることのほうが多いようです。

季の果実
冬果物

こたつでミカンを食べる、という光景は、日本の冬の風物詩でしょう。
冬にとれる果物は、ミカン、キンカン、イヨカン、スダチ、ダイダイ、ユズといった柑橘系が多いのが特徴です。
また、リンゴや苺も冬が旬の果物。リンゴはアダムとイヴの物語にも登場する歴史の古い果物で、紀元前六千年ごろにはすでにあり、紀元前千三百年にはエジプトで栽培されていたといわれています。主成分である糖分のほか、食物繊維やカリウムが豊富に含まれており、「リンゴを食えば医者いらず」ということわざもあるほど栄養価に優れた果物です。
それに対し、苺はビタミンC含有量が100グラムあたり50から100ミリグラムと、果物中トップレベル。疲れやストレスを感じている人、運動量の多い人などは特にビタミンCを消耗しやすいため、積極的に摂りましょう。

季の花

椿（藪椿）

椿は冬から早春にかけて花盛りを迎える植物です。冬枯れのなかでもあでやかな葉と鮮やかな花を見せる生命力の強さから、日本では神話の時代から愛好されています。

特に、椿の実を搾ってつくられる椿油は天ぷらや炒め物などの食用、整髪剤や化粧下地（舞妓・芸妓などが使用する白粉の下地）などの美容、スキンケアなどの薬用、さらに刀剣の手入れや木工品の艶出しなどの工業用と、さまざまな用途に用いられてきました。

和風の花のイメージが強い椿ですが、実際は東アジアから東南アジア一帯に生息するオリエンタルな花で、十八世紀半ばにフィリピンに赴任していたカメルという名の宣教師によってヨーロッパに伝わったといわれています。

十九世紀に入ると、ヨーロッパには品種改良によってさまざまな椿の花が誕生し、上流階級の間で一大椿ブームが巻き起こります。そのような時代背景のもとで誕生したのが、ヴェルディのオペラで有名な『椿姫』なのです。

七十候　大寒　初候

款冬華

ふきのとうはなさく

【新暦】2014年1月20日～24日
【候の意味】蕗《ふき》の薹《とう》が蕾《つぼみ》を出す

季の句

蕗《ふき》の薹《とう》
ふみてゆききや
善き隣

久女

季の暮らし

生姜湯

寒い冬に体を温めてくれる飲み物として、日本で古くから愛飲されてきたのが、生姜を砂糖や蜂蜜などの甘味料と一緒にお湯で割った「生姜湯」です。関西では水飴を使うことから「飴湯」とも呼び、夏場は生姜の風味で食欲を増進させるために冷たくして飲む

「冷やし飴」がよく飲まれています。

　しかし、なぜ生姜が体を温めるかご存じですか。実は、新鮮な生姜に含まれる辛味成分のジンゲロールが、加熱されることで体を温める効果があるショウガオールに変化するからです。

　なお、体温が上昇するということは新陳代謝が活発化することでもあります。つまり、加熱した生姜を摂取することはダイエットにもよいのです。ただし、生姜湯には飲みやすくするために糖分が含まれているので、栄養状態が悪かった昔の人ならいざ知らず、何杯も飲んでしまうとカロリーの取り過ぎになってしまいます。

　生姜のパワーで体を温めたいけれど、余分なカロリーは摂取したくない人には、白湯《さゆ》に薄切りの生姜を一枚から二枚加えた生姜白湯をおすすめします。

　生姜には体内の余分な水分を尿として排出してくれる効能もあるため、生姜白湯を一日数杯飲むことで冬場のむくみ改善にもなりますよ。

季の植物

蕗《ふき》の薹《とう》

キク科フキ属の多年草であるフキから、早春になって花茎が伸びてきたものが蕗の薹で、花の蕾《つぼみ》の状態のものです。北海道から沖縄まで、全国各地で見られる日本原産の植物で、雪解けを待たずに顔を出すことから、「春の使者」とも呼ばれています。

　フキは雌雄異株の植物ですので、蕗の薹にも雌雄があります。雌の株は花が咲き終わるとすぐに茎が伸びてしまい、いわゆる「トウが立つ」状態になり、白い綿毛のある種子を飛ばします。一方の雄株は、花が咲き終わると、そのまましぼんでしまいます。

蕗の薹も食用になり、ほろ苦さと香りを好む人も多いことでしょう。あのほろ苦さには食欲増進効果があり、天ぷらにするほか、炒め物や煮浸し、味噌汁の具材にしてもおいしくいただけます。そのほか、煎じて飲むと咳止めの効果や、解熱作用もありますので、風邪の初期症状には薬用としても重宝します。ただ、食用にする際はアクを抜いてから調理しましょう。

季の植物 南天・白南天

赤い実が鮮やかな南天は、「難を転ずる」という縁起物として、お正月飾りに使われることが多い植物です。

食中毒を予防するおまじないとして、南天の葉をお弁当に添えることもありますが、実は南天の葉は「南天葉」というれっきとした漢方薬で、熱冷ましや咳止めの効能があります。このため、のど飴の材料としても有名です。

なお、南天の実は冬の季語ですが、南天の花は六月ごろに開花するため夏の季語となっています。赤い実とは対照的に白い花を咲かせるため、正岡子規は「南天の実になる花と思はれず」という一句を詠んでいます。

ただし、赤い実をつける南天の変種として白い実をつける白南天があり、花の色や形状はまったく同じですが幹や葉は赤と白で異なります。

七十一候　大寒　次候

水沢腹堅《みずさわあつくかたし》

【新暦】２０１４年1月25日～29日
【候の意味】沢の氷が厚く張りつめる

季の句

日の障子太鼓の如し
福寿草
たかし

季の魚

ワカサギ

冬の風物詩ともなっているのがワカサギ釣りです。凍った湖にテントを張り、氷に小さな穴を開けて糸を垂らすと、小さなワカサギが面白いように釣れますし、子供でも簡単に釣れることから、家族で楽しめる人気レジャーにもなっています。

ワカサギの体長は15センチ前

後で、漢字では「公魚」とも書きます。これは、江戸時代、常陸国麻生藩が、霞ヶ浦で捕れたワカサギを徳川将軍家に年貢として納めており、公儀御用魚になっていたからです。

凍った湖で行うワカサギ釣りのイメージがあるせいか、寒い地方の魚かと思われますが、全国の湖などで見られます。相模湖や富士五湖、芦ノ湖などは湖面に氷が張りませんが、船底に穴の開いたワカサギ釣り専用の船があり、釣り人はその船に乗ってワカサギを釣ります。

食材としてもおいしく、そのまま天ぷらやフライにするほか、南蛮漬けやそのまま焼くといった調理法もあります。また、佃煮などにしても保存がききます。

実はワカサギは、本来は海とつながっている湖などに生息していて、孵化すると河口付近で成長し、また湖に戻る魚でした。それが今では山奥の湖にも生息しているのは、各地で放流を行い、ワカサギ釣りを観光資源にしているからです。

季の植物

福寿草

福寿草はキンポウゲ科フクジュソウ属の多年草で、別名を「元日草《がんじつぐさ》」、あるいは「朔日《ついたち》草《そう》」と言います。

晩秋に芽を出し冬に花が咲くことから、春一番・新年を祝う花としてその名がつけられました。その縁起の良い名前に加え、黄色のかわいい花が咲くことから、お正月用の小盆栽や鉢物としても人気があります。

学名である「Adonis（アドニス）」は、『ギリシャ神話』に登場する、美と愛の女神・アフロディーテに愛された美少年の名前で、狩りの最中にイノシシに突かれて死んでしまったアドニスの傷口から流れ出た血から生まれた花、とされていることに由来します。

しかし、そのかわいらしい花の見た目に反して、福寿草の根茎には強い毒性があり、食べると嘔吐や頭痛などの中毒症状を起こし、場合によっては死ぬこともあります。外見は蕗の薹とよく似ていますが、間違って食べないように、くれぐれも気をつけましょう。

季の暮らし

お茶風呂

一年中飲むことができる緑茶ですが、新茶が出回る夏が旬とされています。

緑茶には脂肪の吸収を抑制するカテキンが含まれており、最近ではダイエットの定番飲料となりつつありますが、カテキンには殺菌作用もあるため、うがいに用いて風邪の予防をしたり、入浴剤として用いて皮膚の雑菌や余分な皮脂を洗い流すことで皮膚のトラブルを予防・改善したりできるのです。

また、緑茶にはカテキン以外に美肌をつくる栄養素であるビタミンCが豊富に含まれているので、お茶風呂に入るとカテキンとビタミンCのダブル効果で玉のようなお肌が手に入るかも。

ちなみに、入浴剤に用いる茶葉は出がらしでも大丈夫なので、飲み物とお風呂、つまり内側と外側の両方から体をきれいにすることができます。

七十二候　大寒　末候

鶏始乳《にわとりはじめてにゅうす》

【新暦】２０１４年1月30日～2月3日

【候の意味】鶏が卵を産み始める

季の句

大空のあくなく晴れし
師走かな

万太郎

季の行事

節分

毎年二月三日に豆まきをして厄を払う節分ですが、「季節の分かれ目」という言葉のとおり、もともと節分は立春・立夏・立秋・立冬の前日を指しました。

なぜこの日に豆まきをするかというと、季節の変わり目には邪気をばらまく鬼が生じると考えられており、そのために「魔滅《まめ》」につながる豆をまくことで悪霊を祓う習慣があったからです。

なお、豆まきの習慣は室町以降に成立したものですが、その原型は平安時代の宮中で大晦日に行われていた「追《つい》儺《な》」という鬼祓いにあります。

追儺とは「方相氏」という役目の人物が金色の四つ目を持った仮面を装着し、鬼を追い出すために宮中をまわるという儀式で、のちに方相氏が鬼として人々から追い回されるように変化し、鬼が豆をぶつけられる現在のスタイルが完成したのです。

ちなみに、節分の日にいつもとは違う格好で神社仏閣に参拝すると、魔に捕まらず無事でいられると考えられていました。

このため、江戸時代末期には節分の夜に仮装を行う「お化け」という風習が成立し、現在でも、祇園をはじめとする京都の花街や東京の浅草などで、いつもは日本髪と着物できめている芸妓・舞妓たちが一風変わった扮装でお座敷に出るそうです。

季の行事 恵方《えほう》巻き

関西地方では一般的な恵方巻き。近年ではスーパーやコンビニエンスストアなどでも売られていることから、あまりなじみのなかった関東などの地方でも、恵方巻きという文化が知られることになりました。

恵方巻きとは太い海苔巻きのこと。これを節分のときに、その年の徳福を司る歳徳神がいる方向(恵方)に向かい、目をつぶって黙って一本まるごと食べると縁起がいいとされる習慣です。

恵方巻きの由来には諸説あり、江戸時代末期の大阪の商人が、商売繁盛のために行ったという説や、栃木県の神社が発祥だという説などがあります。どれも定かではありませんが、大阪では大正時代から続く習慣です。

一本まるごと食べるのは、「切らない=縁を切らない」という意味があり、七福神にちなみ、七種の具材が入っています。

また近年では、立春の前日である二月の節分以外にも、立夏、立秋、立冬の前にも節分があることから、年中行事として売り込んでいます。

季の鳥
鶏

日本では殺生を禁じる仏教の影響から、六七六年に牛・馬・犬・猿・鶏などを食べることが禁じられました。このなかには鶏の卵も含まれ、日本における鶏のポジションは長らく愛玩動物だったのです。

ただし、江戸時代に無精卵が孵化しないことがわかると、卵を食べることは殺生に当たらないと解釈され、卵料理が多数誕生しました。それと同時に、養鶏も盛んになったのです。

鶏は採卵のために品種改良され、頻繁に卵を産みますが、毎日ではなく、数日連続で産んで一日休むというサイクルをとっています。

なお、鶏は日が長い夏場に産卵が活発化するため、冬場の養鶏場では日没後に電気をつけて夏場だと錯覚させて卵の産卵を安定させています。

手紙に使える冬の挨拶

【十一月】

●秋気いよいよ深く
●朝夕はひときわ冷え込むようになりました。
●うららかな菊日和がうれしい昨今
●小春日和の今日このごろ
●鮮やかな紅葉の季節となり
●落ち葉が風に舞う季節となりました。
●日毎に寒気加わる時節となりました。
●冬はもうすぐそこまで来ているようですね。

【十二月】

●めっきり寒くなりました。
●寒さがひとしお身にしみるころとなりました。
●早いもので、もう師走